图文精解建筑工程施工职业技能系列

架 子 工

高 原 主编

中国计划出版社

图书在版编目（ＣＩＰ）数据

架子工 / 高原主编. -- 北京：中国计划出版社，
2017.1
图文精解建筑工程施工职业技能系列
ISBN 978-7-5182-0519-6

Ⅰ．①架… Ⅱ．①高… Ⅲ．①脚手架－工程施工－职
业培训－教材 Ⅳ．①TU731.2

中国版本图书馆CIP数据核字(2016)第253610号

图文精解建筑工程施工职业技能系列
架子工
高 原 主编

中国计划出版社出版发行
网址：www.jhpress.com
地址：北京市西城区木樨地北里甲 11 号国宏大厦 C 座 3 层
邮政编码：100038 电话：(010) 63906433 (发行部)
北京市科星印刷有限责任公司印刷

787mm×1092mm 1/16 13.25 印张 315 千字
2017 年 1 月第 1 版 2017 年 1 月第 1 次印刷
印数 1—3000 册

ISBN 978-7-5182-0519-6
定价：38.00 元

《架子工》编委会

前　言

　　架子工是指使用搭设工具，将钢管、夹具和其他材料搭设成操作平台、安全栏杆、井架、吊篮架、支撑架等，且能正确拆除的人员。架子工是施工企业中重要的辅助工种。脚手架虽然是随着工程进度而搭设，工程完毕就拆除，但是，它对建筑施工速度、工作效率、工程质量以及工人的人身安全有着直接的影响。如果脚手架搭设不及时，势必会拖延工程进度；脚手架搭设不符合施工需要，工人操作就不方便，质量得不到保证，工效就得不到提高；脚手架搭设不牢固、不稳定，就容易造成施工中的伤亡事故。对脚手架的选型、构造、搭设、质量等因素，决不能疏忽大意，草率处理，因为它在建筑施工中的作用太重要了。因此，我们组织编写了本书，旨在提高架子工专业技术水平，确保工程质量和安全生产。

　　本书根据国家新颁布的《建筑工程施工职业技能标准》JGJ/T 314—2016以及《建筑施工门式钢管脚手架安全技术规范》JGJ 128—2010、《建筑施工扣件式钢管脚手架安全技术规范》JGJ 130—2011、《建筑施工工具式脚手架安全技术规范》JGJ 202—2010、《建筑施工竹脚手架安全技术规范》JGJ 254—2011、《建筑施工碗扣式钢管脚手架安全技术规范》JGJ 166—2008、《建筑施工木脚手架安全技术规范》JGJ 164—2008等标准编写，主要介绍了架子工的基础知识、常用脚手架材料和机具、落地式脚手架的搭拆、不落地式脚手架的搭拆、其他脚手架的搭拆、脚手架的施工安全等内容。本书采用图解的方式讲解了架子工应掌握的操作技能，内容丰富，图文并茂，针对性、系统性强，并具有实际的可操作性，实用性强，便于读者理解和应用。既可供架子工、建筑施工现场人员参考使用，也可作为建筑工程职业技能岗位培训相关教材使用。

　　由于作者的学识和经验所限，虽然经编者尽心尽力，但是书中仍难免存在疏漏或未尽之处，敬请有关专家和读者予以批评指正（E-mail：zt1966@126.com）。

编　者

2016 年 10 月

目　录

1　架子工的基础知识

1.1　架子工职业技能等级要求

1.1.1　五级架子工

1. 理论知识

（1）了解毛竹、木杆、钢管、扣件的选材质量标准要求。

（2）熟悉毛竹、木杆、碗扣式、扣件式、门式钢管普通脚手架搭设和拆除程序。

（3）熟悉常用工具、量具名称，了解其的功能和用途。

（4）了解力学和高处作业的安全技术规定。

（5）了解施工现场基坑、楼层临边的防护栏杆、安全网、安全防护棚等的搭设和拆除程序。

2. 操作技能

（1）能够正确使用劳动防护用品。

（2）会使用竹篾、塑篾、铁丝对毛竹杆件进行连接绑扣。

（3）会使用铁丝对木杆杆件进行连接绑扣。

（4）会使用工具对钢管杆件进行扣件安装。

（5）会用工具对毛竹、木杆杆件的切割配制。

（6）会使用不同长度规格的钢管安装成架。

（7）会使用量具尺检测脚手架的构造参数。

1.1.2　四级架子工

1. 理论知识

（1）掌握安全生产操作规程。

（2）掌握扣件式、碗扣式钢管脚手架安全技术规范。

（3）掌握毛竹、木杆、钢管、扣件的选材质量标准要求。

（4）熟悉脚手架搭设和拆除工作的施工方案。

（5）熟悉根据高处作业的标准、实施工具式移动操作平台的构造要求。

（6）熟悉编制普通脚手架的保养和隐患处理方案的方法。

（7）了解施工现场临时用电的标准，了解高压线防护排架的位置、构造。

（8）了解高空吊篮的种类、构造形式。

2. 操作技能

（1）熟练掌握作业中的安全生产操作规程。

（2）熟练运用柔性、刚性两种材料对不同脚手架与建筑物的连墙拉结。

（3）熟悉进行安装连续式、间断式剪刀撑和横向斜撑。

（4）熟练进行高度 24m 以下各类脚手架的搭设和拆除。

（5）会搭设工具式移动操作平台。

（6）会组织搭设全竹高压线防护排架。

（7）会组织对脚手架的自检、互检工作。

（8）会进行高处作业吊篮的组装工作。

1.1.3　三级架子工

1．理论知识

（1）掌握预防和处理质量和安全事故方法及措施。

（2）熟悉各类脚手架和高处作业规范的所有强制性条款。

（3）熟悉常用脚手架的验收程序。

（4）熟悉高处作业吊篮悬挂机构、吊篮平台、提升机构、安全保护装置、操纵控制装置的工作原理和作用。

（5）了解施工现场常用脚手架的方案并组织落实交底工作的要求。

（6）了解参与脚手架方案的细化工作和提出优化性建议的基本要求。

2．操作技能

（1）熟练进行安全生产规程指导作业。

（2）熟练进行高度 24m 以上高层脚手架的搭设和拆除。

（3）熟悉掌握门式钢管架转角部位的两种方法和连墙件的安装。

（4）熟练掌握高处作业吊篮安装程序、调试程序、自检和交付验收的要求。

（5）能够进行圆形平面建、构筑物（烟囱、水塔等）四角形、六角形、八角形的平面布置。

（6）能够进行安装碗扣式钢管架的剪刀撑和连墙件。

（7）会安装挑排脚手架的支架。

（8）会安装单片式、互爬式附着升降脚手架的支承架。

1.1.4　二级架子工

1．理论知识

（1）掌握有关安全法规及简单突发安全事故的处理程序。

（2）掌握脚手架验收评定工作的要求。

（3）掌握对一般脚手架施工方案可操作性进行审核的方法。

（4）熟悉计算普通脚手架的用料的方法。

（5）了解悬挑脚手架的构造和附着支架的规格和安装程序要求。

（6）了解附着式升降脚手架的构造和防坠防倾覆安全装置的作用及安装程序要求。

（7）了解计算机操作的理论知识。

2．操作技能

（1）能够根据生产环境，提出安全生产建议，并处理简单突发安全事故。

（2）熟练掌握挑排脚手架与支架的安装和拆卸。

（3）能够组织整体升降附着升降脚手架的机位安装和拆卸。

（4）能够按照建筑轴线布置桥式脚手架的立杆并组装桥架。

（5）会组织高层建筑脚手架搭设的本工种职业等级人员的配备。

1.1.5 一级架子工

1. 理论知识

（1）掌握分析脚手架构造受力情况的方法。

（2）掌握有关安全法规及突发安全事故的处理程序。

（3）熟悉审核所有脚手架方案，并能提供经济性、简便性、安全性、可靠性脚手架建议。

（4）熟悉特殊工程所用脚手架的构件计算及参与施工方案的编制。

（5）熟悉脚手架工程中使用计算机操作的方法。

2. 操作技能

（1）能够参与编制突发安全事故处理的预案，并进行现场处置。

（2）能够主持大型、超大型、超高型的脚手架、爬模、爬架等搭设和拆除。

（3）能够主持特殊工程结构、复杂型脚手架搭设和拆除。

1.2 脚手架的作用和分类

1.2.1 脚手架的作用

脚手架是建筑施工中一项不可缺少的空中作业工具。按照建筑施工的具体要求，脚手架为高处作业工具提供材料存放或者操作的条件，用于施工过程中搭建安全防护措施，或用于模板、吊装工程和设备安装工程的支撑架以及搭设其他构架设施。其主要作用是：

（1）能够使建筑工人在高处不同部位进行操作。

（2）能堆放及运输一定数量的建筑材料。

（3）确保建筑工人在进行高处操作时的安全。

1.2.2 脚手架的分类

1. 按用途划分

（1）操作（作业）脚手架。又分为结构作业脚手架（俗称"砌筑脚手架"）和装修作业脚手架，可分别简称为"结构脚手架"和"装修脚手架"，其架面施工荷载标准值分别规定为 $3kN/m^2$ 和 $2kN/m^2$。

（2）防护用脚手架。只用作安全防护的脚手架，包括各种护栏架和棚架。其架面施工（搭设）荷载标准值可按 $1kN/m^2$ 计算。

（3）承重、支撑用脚手架。用于材料的运转、存放、支撑以及其他承载用途的脚手架，如收料平台、安装支撑架和模板支撑架等。其架面施工荷载按实际使用值计算。

2. 按构架方式划分

（1）杆件组合式脚手架。俗称"多立杆式脚手架"，简称"杆组式脚手架"。

（2）框架组合式脚手架。简称"框组式脚手架"，即由简单的平面框架（如门架）与连接、撑拉杆件组合而成的脚手架，如门式钢管脚手架、梯式钢管脚手架和其他各种框式构件组装鹰架等。

（3）格构件组合式脚手架。即由桁架梁和格构柱组合而成的脚手架，如桥式脚手架[有提升（降）式和沿齿条爬升（降）式两种]。

（4）台架。具有一定高度和操作平面的平台架，多为定型产品，其本身具有稳定的空间结构。可单独使用或立拼增高与水平连接扩大，并常带有移动装置。

3. 按设置形式划分

（1）单排脚手架。只有一排立杆的脚手架，其横向水平杆的另一端搁置在墙体结构上，其平面如图1-1所示。

（2）双排脚手架。具有两排立杆的脚手架，其平面如图1-2所示。

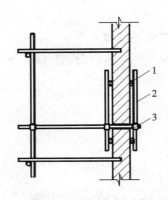

图1-1　单排脚手架

1—垫木；2—短钢管；3—直角扣件

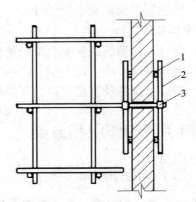

图1-2　双排脚手架

1—垫木；2—短钢管；3—直角扣件

（3）多排脚手架。具有三排以上立杆的脚手架。

（4）满堂脚手架。按施工作业范围满设的、两个方向各有三排以上立杆的脚手架，如图1-3所示。

图1-3　满堂脚手架

（5）满高脚手架。按墙体或施工作业最大高度，由地面起满高度设置的脚手架。

（6）交圈（周边）脚手架　沿建筑物或作业范围周边设置并相互交圈连接的脚手架。

（7）特形脚手架。具有特殊平面和空间造型的脚手架，如用于烟囱、水塔、冷却塔以及其他平面为圆形、环形、"外方内圆"形、多边形和上扩、上缩等特殊形式的建筑施工脚手架。

4. 按脚手架的支固方式划分

（1）落地式脚手架。搭设（支座）在地面、楼面、屋面或其他平台结构之上的脚手架，如图1-4所示。

（2）悬挑脚手架（简称"挑脚手架"）。采用悬挑方式支固的脚手架，如图1-5所示。

图1-4　落地式脚手架

图1-5　悬挑脚手架

其挑支方式又有以下3种，如图1-6所示。

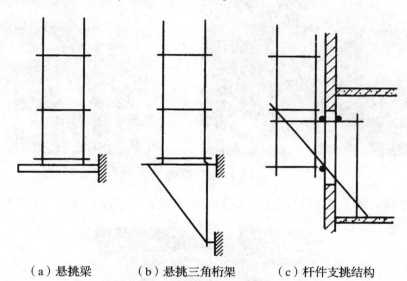

（a）悬挑梁　　　（b）悬挑三角桁架　　　（c）杆件支挑结构

图1-6　挑脚手架的挑支方式

1）架设于专用悬挑梁上。

2）架设于专用悬挑三角桁架上。

3）架设于由撑拉杆件组合的支挑结构上。其支挑结构有斜撑式、斜拉式、拉撑式和顶固式等多种。

（3）悬吊脚手架（简称"吊脚手架"）。悬吊在悬挑梁或工程结构之下的脚手架。当采用篮式作业架时，称为"吊篮"，如图1-7所示。

（4）附墙悬挂脚手架（简称"挂脚手架"）。在上部或（和）中部挂设于墙体挑挂件上的定型脚手架。

图1-7 吊篮

（5）附着升降脚手架（简称"爬架"）。附着在工程结构、依靠自身提升设备实现升降的悬空脚手架，如图1-8所示。

图1-8 爬架

（6）水平移动脚手架。带行走装置的脚手架（段）或操作平台架，如图1-9所示。

图1-9 水平移动脚手架

5. 按脚手架平、立杆的连接方式分类

（1）扣接式脚手架。使用扣件箍紧连接的脚手架，即靠拧紧扣件螺栓所产生的摩擦力承担连接作用的脚手架。

（2）承插式脚手架。在平杆与立杆之间采用承插连接的脚手架，如图 1-10 所示。常见的承插连接方式有插片和碗扣、插片和楔槽、套管和插头以及 U 形托挂等，如图 1-11 所示。

图 1-10　承插式脚手架

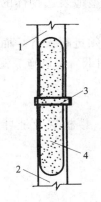
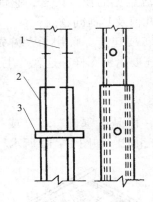
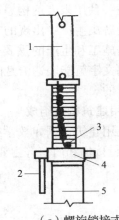

（a）环套承接式
1—上杆；2—下杆；
3—环托；4—连接棒

（b）套接销固式
1—内管；2—外管；3—销杆

（c）螺旋销接式
1—上管；2—手柄；3—销子；
4—调节螺母；5—下管

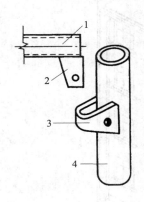
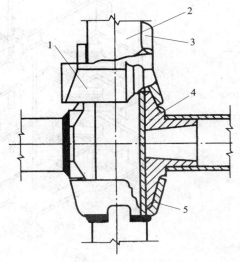

（d）槽楔式
1—横杆；2—插片；3—楔槽；4—立杆

（e）碗扣式
1—上碗扣；2—立杆；3—限位销；4—横杆接头；5—下碗扣

图 1-11　承插连接构造的形式

此外，还按脚手架的材料划分为竹脚手架、木脚手架、钢管或金属脚手架；按搭设位置划分为外脚手架和里脚手架；按使用对象或场合划分为高层建筑脚手架、烟囱脚手架、水塔脚手架以及外脚手架、里脚手架。还有定型与非定型、单功能与多功能之分，但是均非严格的界限。

1.3 房屋构造与建筑识图

1.3.1 房屋构造

图样是一种用来表达构思和交流意见的技术语言，它能完整地表达物体的形状及大小，可直接解决生产中出现的空间几何及其他问题。

图纸是施工和生产的重要依据，要建造一幢房子，首先必须进行设计。而具体的设计，不是用文字就能表达清楚的，还要借助图样，这就产生了图纸。建筑施工就是根据设计图纸进行的。

1. 民用建筑构造组成

一幢民用建筑，例如教学楼，一般是由基础、墙（或柱）、楼板层及地坪层（楼地层）、屋顶、楼梯和门窗等主要部分组成，如图1-12所示。

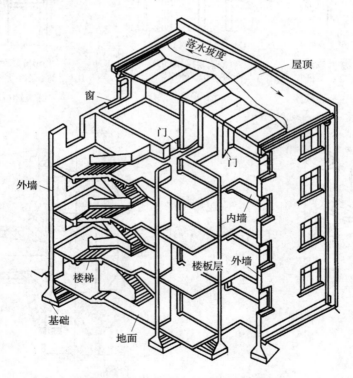

图1-12 民用建筑物的组成

（1）基础。基础是房屋最下部埋在土中的扩大构件，它承受着房屋的全部荷载，并把荷载传给基础下面的土层（地基）。

（2）墙与柱。墙与柱是房屋的垂直承重构件，它承受楼地面和屋顶传来的荷载，并把这些荷载传给基础。墙体还是分隔、围护构件，外墙阻隔雨、风、雪、寒暑对室内的影响，内墙起着分隔房间的作用。

（3）楼面与地面。楼面与地面是房屋的水平承重和分隔构件。楼面是指二层或二层以上的楼板。地面又称为底层地坪，是指第一层使用的水平部分。它们承受着房间的家具、设备和人员的重量。

（4）楼梯。楼梯是楼房建筑中的垂直交通设施，供人们上下楼层和紧急疏散之用。

（5）屋顶（屋盖）。屋顶是房屋顶部的围护和承重构件。它一般由承重层、防水层和保温（隔热）层三大部分组成，主要抵御阳光辐射和风、霜、雨、雪的侵蚀，承受外部荷载以及自身重量。

（6）门和窗。门和窗是房屋的围护构件。门主要供人们出入通行，窗主要供室内采光、通风、眺望之用。同时，门窗还具有分隔和围护作用。

2. 单层工业厂房构造组成

（1）承重结构。单层厂房承重结构有墙承重结构和骨架承重结构两种类型。图1-13所示是典型的装配式钢筋混凝土排架结构的单层厂房，它包括横向排架、纵向连系构件和支撑系统等承重构件。

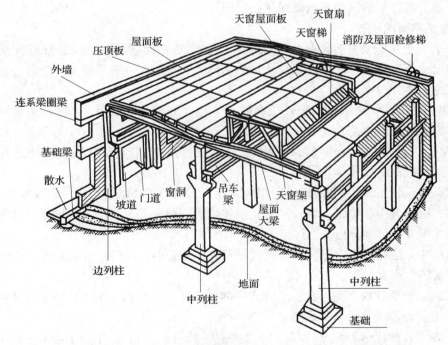

图1-13 装配式钢筋混凝土结构的单层厂房构件组成

（2）围护结构。单层厂房的外围护结构包括外墙、屋顶、地面、门窗、天窗等。

（3）其他。如散水、地沟（明沟或暗沟）、坡道、吊车梯、室外消防梯、内部隔墙、作业梯、检修梯等。

1.3.2 建筑识图

1. 建筑总平面图识读

（1）表明新建区域的地貌、地形、平面布置，包括红线位置，各建（构）筑物、河流、道路、绿化等的位置及相互间的位置关系。

（2）确定新建房屋的平面位置。

1）可根据原有建筑物或道路定位，标注定位尺寸。

2）修建成片住宅、较大的公共建筑物、工厂或地形复杂时，用坐标确定房屋及道路折点的位置。

（3）表明建筑首层地面的绝对标高，室外地坪、道路的绝对标高；阐明土方填挖情况、地面坡度及雨水排除方向。

（4）用指北针和风向频率玫瑰图来表示建筑的朝向。风向频率玫瑰图上所表示风的吹向，是指从外面吹向地区中心的。风向频率玫瑰图还表示该地区常年风向频率。它是根据某一地区多年统计的各个方向吹风次数的理分数值，按一定比例绘制，用 16 个罗盘方位表示。实线图形表示常年风向频率，虚线图形表示夏季的风向频率。

（5）根据工程的需要，有时还有水、电、暖等管线的平面图，各管线综合布置图、竖向设计图、道路纵横剖面图以及绿化布置图等。

2. 建筑平面图识读

（1）表明建筑物及其各部分的平面尺寸。在建筑平面图中，必须详细标注尺寸。平面图中的尺寸分为外部尺寸和内部尺寸。外部尺寸有三道，一般沿横向、竖向分别标注在图形的下方和左方。

1）第一道尺寸：表示建筑物外轮廓的总体尺寸（即外包尺寸）。它是从建筑物一端外墙边到另一端外墙边的总长和总宽尺寸。

2）第二道尺寸：表示轴线之间的距离（即轴线尺寸）。它标注在各轴线之间。说明房间的开间及进深的尺寸。

3）第三道尺寸：表示各细部的位置和大小的尺寸（即细部尺寸）。它以轴线为基准，标注出门、窗的大小和位置，墙、柱的大小和位置。此外，台阶（或坡道）、散水等细部结构的尺寸可分别单独标出。

内部尺寸标注在图形内部。用以说明房间的净空大小，内门、窗的宽度，内墙厚度以及固定设备的大小和位置。

（2）表明建筑物的平面形状，内部各房间包括楼梯、走廊、出入口的布置及朝向。

（3）表明地面及各层楼面标高。

（4）表明各种代号和编号，门、窗位置，以及门的开启方向。门的代号用 M 表示，窗的代号用 C 表示，编号数用阿拉伯数字表示。

（5）表示剖面图剖切符号、详图索引符号的位置及编号。

（6）综合反映其他各工种（工艺、水、电、暖）对土建的要求。各工程要求的坑、台、地沟、水池、消火栓、电闸箱、雨水管等及其在墙或楼板上的预留洞，应在图中表明其位置及尺寸。

（7）表明室内装修做法。包括室内地面、墙面及顶棚等处的材料及做法。一般简单的装修在平面图内直接用文字说明；较复杂的工程则另列房间明细表和材料做法表，或另画建筑装修图。

（8）文字说明。平面图中不易表明的内容，如施工要求、砖及灰浆的强度等级等需用文字说明。

3. 建筑立面图识读

（1）图名、比例。立面图的比例常与平面图一致。

（2）标注建筑物两端的定位轴线及其编号。在立面图中一般只画出两端的定位轴线及其编号，以便与平面图对照。

（3）画出室内外地面线、房屋的勒脚、外部装饰及墙面分格线。表示出屋顶、雨篷、台阶、阳台、雨水管、水斗等细部结构的形状和做法。为使立面图外形清晰，通常把房屋立面的最外轮廓线画成粗实线，室外地面用特粗线表示，门窗洞口、檐口、阳台、雨篷、台阶等用中实线表示；其余的，如墙面分隔线、门窗格子、雨水管以及引出线等，均用细实线表示。

（4）表示门窗在外立面的分布、外形、开启方向。在立面图上，门窗应按标准规定的图例画出。门、窗立面图中的斜细线是开启方向符号。细实线表示向外开，细虚线表示向内开。一般无需将所有的窗都画上开启符号。凡是窗的型号相同的，只画出其中一两个即可。

（5）标注各部位的标高及必须标注的局部尺寸。在立面图上，高度尺寸主要用标高表示。一般要注出室内外地坪，一层楼地面，窗台、窗顶、阳台面、檐口、女儿墙压顶面，进口平台面及雨篷底面等的标高。

（6）标注出详图索引符号。

（7）文字说明外墙装修做法。根据设计要求外墙面可选用不同的材料及做法。在立面图上一般用文字说明。

4. 建筑剖面图识读

（1）图名、比例及定位轴线：剖面图的图名与底层平面图所标注的剖切位置符号的编号一致；在剖面图中，应当标出被剖切的各承重墙的定位轴线及与平面图一致的轴线编号。

（2）表示出室内底层地面到屋顶的结构形式、分层情况：在剖面图中，断面的表示方法与平面图相同。断面轮廓线用粗实线表示，钢筋混凝土构件的断面可涂黑表示。其他没被剖切到的可见轮廓线用中实线表示。

（3）标注各部分结构的标高和高度方向尺寸：剖面图中应标注出室内外地面、各层楼面、檐口、楼梯平台、女儿墙顶面等处的标高。其他结构则应标注高度尺寸。高度尺寸分为三道：

1）第一道：总高尺寸，标注在最外边。

2）第二道：层高尺寸，主要表示各层的高度。

3）第三道：细部尺寸，表示门窗洞、阳台、勒脚等的高度。

（4）文字说明某些用料及楼面、地面的做法等。需画详图的部位，还应标注出详图索引符号。

5. 建筑详图识读

（1）外墙身详图识读。外墙身详图实际上是建筑剖面图的局部放大图。它主要表示房屋的屋顶、楼层、檐口、地面、窗台、门窗顶、勒脚、散水等处的构造，楼板与墙的连接关系。

1）外墙身详图的主要内容包括：标注墙身轴线编号和详图符号；采用分层文字说明的方法表示楼面、屋面、地面的构造；表示各层梁、楼板的位置及与墙身的关系；表示檐口部分如女儿墙的构造、防水及排水构造；表示窗台、窗过梁（或圈梁）的构造情况；表示勒脚部分如房屋外墙的防潮、防水和排水的做法：外墙身的防潮层，一般在室内底层地面下 60mm 左右处，外墙面下部有厚 30mm 的 1∶3 水泥砂浆，层面为褐色水刷石的勒脚，墙根处有坡度 5% 的散水；标注各部位的标高及高度方向和墙身细部的大小尺寸；文字说明各装饰内、外表面的厚度及所用的材料。

2）外墙身详图阅读时应注意的问题：屋面、地面、散水、勒脚等的做法、尺寸应和材料做法对照；±0.000 或防潮层以下的砖墙以结构基础图为施工依据，看墙身剖面图时，必须与基础图配合，并注意 ±0.000 处的搭接关系及防潮层的做法；要注意建筑标高和结构标高的关系。建筑标高一般是指地面或楼面装修完成后上表面的标高，结构标高主要指结构构件的下皮或上皮标高。在预制楼板结构楼层剖面图中，一般只注明楼板的下皮标高。在建筑墙身剖面图中只注明建筑标高。

（2）楼梯详图识读。楼梯是房屋中比较复杂的构件，目前多采用预制或现浇钢筋混凝土结构。楼梯由楼梯段、休息平台和栏板（或栏杆）等组成。

楼梯详图一般包括：平面图、剖面图及踏步栏杆详图等。它们表示出楼梯的形式、踏步、平台、栏杆的尺寸、构造、材料和做法。楼梯详图分为建筑详图与结构详图，并分别绘制。对于比较简单的楼梯，建筑详图和结构详图可以合并绘制，编入建筑施工图和结构施工图。

1）楼梯平面图：一般每一层楼都要画一张楼梯平面图。三层以上的房屋，若中间各层的楼梯位置及其梯段数，踏步数和大小相同时，通常只画底层、中间层和顶层三个平面图。

楼梯平面图实际是各层楼梯的水平剖面图。水平剖切位置应在每层上行第一梯段及门窗洞口的任一位置处。各层（除顶层外）被剖到的梯段，按国标规定，均在平面图中以一根 45° 折断线表示。在各层楼梯平面图中应标注该楼梯间的轴线及编号，以确定其在建筑平面图中的位置。底层楼梯平面图还应注明楼梯剖面图的剖切符号。

平面图中要注出楼梯间的开间和进深尺寸、楼地面和平台面的标高及各细部的详细尺寸。通常把梯段长度尺寸与踏面宽的尺寸、踏面数合写在一起。

2）楼梯剖面图：假设用一铅垂平面通过各层的一个梯段和门窗洞将楼梯剖开，向另一未剖到的梯段方向投影，所得到的剖面图即为楼梯剖面图。

楼梯剖面图表达出房屋的层数，楼梯梯段数，步级数以及楼梯形式，楼地面、平台的构造及与墙身的连接等。若楼梯间的屋面没有特殊之处，一般可不画。

楼梯剖面图中还应标注平台面、地面、楼面等处的标高和楼层、梯段、门窗洞口的高度尺寸。楼梯高度尺寸标注法与平面图梯段长度标注法相同。

楼梯剖面图中也应标注承重结构的定位轴线及编号。对需画详图的部位标注详图索引符号。

3）节点详图：楼梯节点详图主要表示栏杆、扶手和踏步的细部构造。

6. 结构施工图识读

（1）基础结构图识读。基础结构图（即基础图）是表示建筑物室内地面（±0.000）以下基础部分的平面布置和构造的图样，包括基础平面图、基础详图和文字说明等。

1）基础平面图：基础平面图主要包括：图名、比例；纵横定位线及其编号（必须与建筑平面图中的轴线一致）；基础的平面布置，即基础墙、柱及基础底面的形状、大小及其与轴线的关系；断面图的剖切符号；轴线尺寸、基础大小尺寸和定位尺寸；施工说明。

2）基础详图：基础详图是用放大的比例画出的基础局部构造图，它表示基础不同断面处的构造做法、详细尺寸和材料。基础详图的主要内容如下：轴线及编号；基础的基础形式、断面形状、材料及配筋情况；防潮层的位置及做法；基础详细尺寸。表示基础的各部分长宽高，基础埋深，垫层宽度和厚度等尺寸；主要部位标高，如室内外地坪及基础底面标高等。

（2）楼层结构平面图识读。楼层结构平面图是假想沿着楼板面（结构层）把房屋剖开所做的水平投影图。它主要表示楼板、柱、梁、墙等结构的平面布置，现浇楼板、梁等的构造、配筋以及各构件间的连接关系。一般由平面图和详图组成。

（3）屋顶结构平面图识读。屋顶结构平面图是表示屋顶承重构件布置的平面图，它的图示内容与楼层结构平面图基本相同，对于平屋顶，因屋面排水的需要，承重构件应按一定坡度铺设，并设置上人孔、天沟、屋顶水箱等。

2 常用脚手架材料和机具

2.1 脚手架常用材料

2.1.1 钢管架料

1. 钢管

钢管采用直缝电焊钢管或低压流体输送用焊接钢管，有外径为48mm、壁厚为3.5mm和外径为51mm、壁厚为3.0mm两种规格。不允许两种规格混合使用，如图2－1所示。

钢管脚手架的各种杆件应优先采用外径为48mm，厚为3.5mm的电焊钢管。用于立柱、大横杆和各支撑杆（斜撑、剪刀撑、抛撑等）的钢管最大长度不得超过6.5m，一般为4～6.5m，小横杆所用钢管的最大长度不得超过2.2m，一般为1.8～2.2m。每根钢管的重量应控制在25kg之内。钢管两端面应平整，严禁打孔、开口。

通常对新购进的钢管先进行除锈，钢管内壁刷涂两道防锈漆，外壁刷涂防锈漆一道、面漆两道。对旧钢管的锈蚀检查应每年一次。检查时，在锈蚀严重的钢管中抽取三根，在每根钢管的锈蚀严重部位横向截断取样检查。经检验符合要求的钢管，应进行除锈，并刷涂防锈漆和面漆。

图2－1 钢管

2. 扣件

目前，我国钢管脚手架中的扣件有可锻铸铁扣件与钢板压制扣件两种。前者质量可靠，应优先采用。采用其他材料制作的扣件，应经实验证明其质量符合该标准的规定后方可使用。扣件螺栓采用Q235A级钢制作。

扣件有三种形式。

（1）直角扣件（十字扣件）。用于连接两根垂直相交的杆件，如立杆与大横杆、大横杆与小横杆的连接。靠扣件和钢管之间的摩擦力传递施工荷载，如图2－2所示。

（2）旋转扣件（回转扣件）。用于连接两根平行或任意角度相交的钢管的扣件。如斜撑和剪刀撑与立柱、大横杆和小横杆之间的连接，如图2－3所示。

图2－2 直角扣件

图2－3 旋转扣件

（3）对接扣件（一字扣件）。钢管对接接长用的扣件，如立杆、大横杆的接长，如图2-4所示。

脚手架采用的扣件，在螺栓拧紧扭力矩达65N·m时，不得发生破坏。

对新采购的扣件应进行检验。若不符合要求，应抽样送专业单位进行鉴定。

旧扣件在使用前应进行质量检查，有裂缝、变形的严禁使用，出现滑丝的螺栓必须更换。新旧扣件均应进行防锈处理。

图2-4　对接扣件

3. 底座

用于立杆底部的垫座。扣件式钢管脚手架的底座有可锻铸铁制成的定型底座和套管、钢板焊接底座两种，可根据具体情况选用。几何尺寸如图2-5所示。

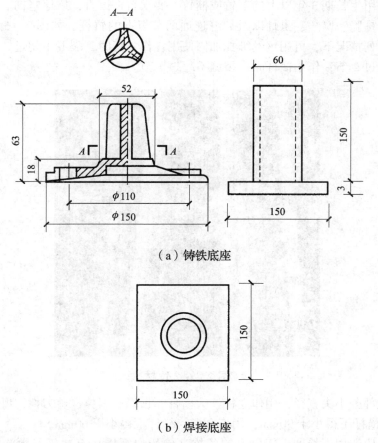

（a）铸铁底座

（b）焊接底座

图2-5　底座（mm）

可锻铸铁制造的标准底座，其材质和加工质量要求与可锻铸铁扣件相同。

焊接底座采用Q235A钢，焊条应采用E43型。

2.1.2　竹、木架料

1. 木材

木材可用作脚手架的立杆、大小横杆、剪刀撑和脚手板。

常用木材为剥皮杉或其他坚韧、质轻的圆木，不得使用柳木、杨木、桦木、椴木、油松等木材，也不得使用易腐朽易折裂的其他木材。

用作立杆时，木料小头有效直径不小于70mm，大头直径不大于180mm，长度不小于6m；用作大横杆时，小头有效直径不小于80mm，长度不小于6m；用作小横杆时，杉杆小头直径不小于90mm，硬木（柞木、水曲柳等）小头直径不小于70mm，长度为2.1～2.2m。用作斜撑、剪刀撑和抛撑时，小头直径不小于70mm，长度不小于6m。用作脚手板时，厚度不小于50mm，搭设脚手架的木材材质应为二等或二等以上。

2. 竹材

竹杆应选用生长期3年以上的毛竹或楠竹。要求竹杆挺直，质地坚韧。不得使用弯曲不直、青嫩、枯脆、腐朽、虫蛀以及裂缝连通两节以上的竹杆，如图2－6所示。有裂缝的竹材，在下列情况下，可用钢丝绑扎加固使用：作立杆时，裂缝不超过3节；作大横杆时，裂缝不超过2节；作小横杆时，裂缝不超过1节。

图2－6　竹材

竹杆有效部分小头直径，用作立杆、大横杆、顶撑、斜撑、剪刀撑、抛撑等不得小于75m；用作小横杆不得小于90mm；用作搁栅、栏杆不得小于60mm。

承重杆件应选用生长期3年以上的冬竹（农历白露以后至次年谷雨前采伐的竹材）。这种竹材质地坚硬，不易虫蛀、腐朽。

2.1.3　绑扎材料

竹木脚手架的各种杆件通常使用绑扎材料加以连接，木脚手架常用的绑扎材料有镀锌钢丝和钢丝两种。竹脚手架可以采用竹篾、镀锌钢丝以及塑料篾等。竹脚手架中所有的绑扎材料均不得重复使用。

1. 镀锌钢丝

抗拉强度高、不易锈蚀，是最常用的绑扎材料，常用 8 号和 10 号镀锌钢丝。8 号镀锌钢丝直径为 4mm，抗拉强度为 900MPa；10 号镀锌钢丝直径为 3.5mm，抗拉强度为 1000MPa。镀锌钢丝使用时不准用火烧，次品和腐蚀严重的产品不得使用，如图 2-7 所示。

2. 钢丝

常采用 8 号回火冷拔钢丝，使用前要经过退火处理（又称火烧丝）。腐蚀严重、表面有裂纹的钢丝不得使用。

3. 竹篾

由毛竹、水竹或慈竹破成要求篾料的质地新鲜、韧性强、抗拉强度高，不得使用发霉、虫蛀、断腰、大节疤等竹篾。竹篾使用前应置于清水中浸泡 12h 以上，使其柔软、不易折断。

4. 塑料篾

又称纤维编织带，如图 2-8 所示。必须采用有生产厂家合格证书和力学性能试验合格数据的产品。

图 2-7 镀锌钢丝 　　　　　　　　图 2-8 塑料篾

2.1.4 脚手板

脚手板铺设在小横杆上，形成工作平台，以便于施工人员工作和临时堆放零星施工材料。它必须符合强度和刚度要求以保护施工人员的安全，并把施工荷载传递给纵、横水平杆。

常用的脚手板：冲压钢板脚手板、木脚手板、钢木混合脚手板以及竹串片、竹笆板等，施工时可按照各地区的材源就地取材选用。每块脚手板的重量不宜大于 30kg。

1. 冲压钢板脚手板

冲压钢板脚手板用厚为 1.5~2.0mm 钢板冷加工而成，其形式、构造和外形尺寸如图 2-9 所示，面上冲有梅花形翻边防滑圆孔。钢材应符合国家现行标准《优质碳素结构钢》GB/T 699 的相关规定。

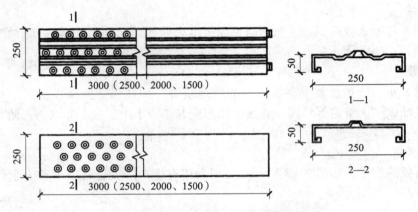

图 2-9 冲压钢板脚手板形式与构造

钢板脚手板的连接方式有挂钩式、插孔式和 U 形卡式，如图 2-10 所示。

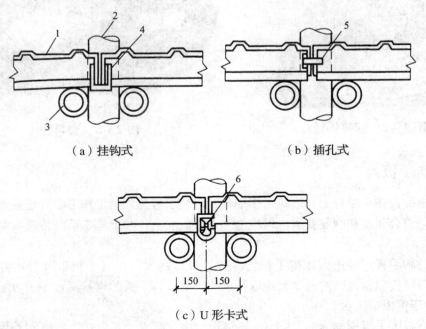

（a）挂钩式   （b）插孔式

（c）U 形卡式

图 2-10 冲压钢板脚手板的连接方式
1—钢脚手板；2—立杆；3—小横杆；4—挂钩；5—插销；6—U 形卡

2. 木脚手板

木脚手板应采用杉木或松木制作，其材质应符合现行国家标准的规定。脚手板厚度不应小于 50mm，板宽为 200～250mm，板长为 3～6m。在板两端往内 80mm 处，用 10 号镀锌钢丝加两道紧箍，防止板端劈裂，如图 2-11 所示。

3. 竹串片脚手板

采用螺栓穿过并列的竹片拧紧而成。螺栓直径为 8～10mm，间距为 500～600mm，竹片宽为 50mm；竹串片脚手板长 2～3m，宽为 0.25～0.3m，如图 2-12 所示。

图 2-11 木脚手板

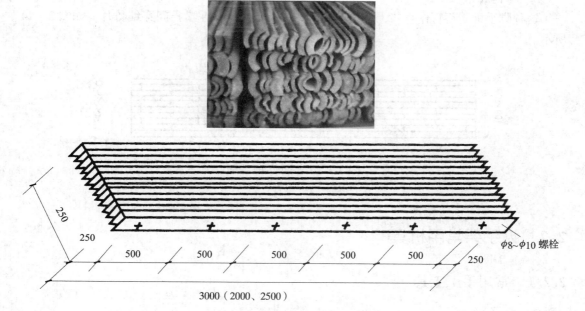

图 2-12 竹串片脚手板

4. 竹笆板

这种脚手板用竹筋作横挡，穿编竹片，竹片与竹筋相交处用钢丝扎牢。竹笆板长为 1.5～2.5m，宽为 0.8～1.2m，如图 2-13 所示。

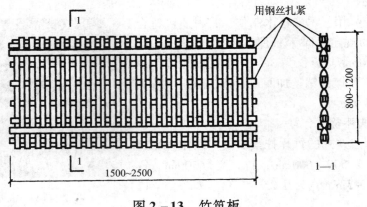

图 2 - 13　竹笆板

5. 钢竹脚手板

这种脚手板用钢管作直挡，钢筋作横挡，焊成爬梯式，在横挡间穿编竹片，如图 2 - 14 所示。

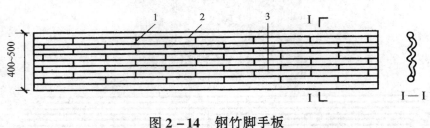

图 2 - 14　钢竹脚手板

1—钢筋；2—钢管；3—竹片

2.2　脚手架常用机具

2.2.1　常用手工工具

1. 钎子

钎子是用来搭拆木、竹脚手架时拧紧铁丝用的，如图 2 - 15 所示。钎子一般长 30cm，可以附带槽孔，用来拔钉子或紧螺栓。

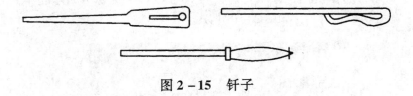

图 2 - 15　钎子

2. 扳手

扳手是一种旋紧或拧松有角螺栓、螺钉、螺母螺丝钉或螺母的开口或套孔固件的手工工具，通常用碳素结构钢或合金结构钢制造。使用时沿螺纹旋转方向在柄部施加外力，就能拧转螺栓或螺母。

（1）活络扳手。又叫活扳手，如图 2－16 所示，活络扳手由呆扳唇、活扳唇、蜗轮、轴销和手柄组成。常用有 250mm、300mm 等两种规格，使用时应根据螺母的大小选配。

图 2－16　活络扳手
1—呆扳唇；2—活扳唇；3—蜗轮；4—轴销；5—手柄

使用活络扳手时，应注意以下事项：

1）扳动小螺母时，因需要不断地转动蜗轮，调节扳口的大小，所以手应靠近呆扳唇，并要用大拇指调制蜗轮，以适应螺母的大小。

2）活络扳手的扳口夹持螺母时，呆扳唇在上，活扳唇在下，切不可反过来使用。

3）在扳动生锈的螺母时，可在螺母上滴几滴煤油或机油。

4）在拧不动时，切不可采用钢管套在活络扳手的手柄上来增加扭力，因为这样极易损伤活扳唇。

5）不得把活络扳手当锤子用。

（2）开口扳手。如图 2－17 所示，也称呆扳手，有单头和双头两种，其开口和螺钉头、螺母标准尺寸相适应，并根据标准尺寸做成一套。

图 2－17　开口扳手

（3）两用扳手。如图 2－18 所示的一端与单头呆扳手相同，另一端与梅花扳手相同，两端拧转相同规格的螺栓或螺母。

（4）梅花扳手。如图 2－19 所示的两端具有带六角孔或十二角孔的工作端，它只要转过30°，就可改变扳动方向，所以在狭窄的地方工作较为方便。

图 2－18　两用扳手　　　　　　　图 2－19　梅花扳手

（5）扭力扳手。如图 2－20 所示，又叫力矩扳手、扭矩扳手、扭矩可调扳手等，分为定值式、预置式两种。定值式扭力扳手，在拧转螺栓或螺母时，能显示出所施加的扭矩；预置式扭力扳手，当施加的扭矩到达规定值后，会发出信号。

（6）套筒扳手。如图2-21所示，是由多个带六角孔或十二角孔的套筒并配有手柄、接杆等多种附件组成，特别适用于拧转地位十分狭小或凹陷很深处的螺栓或螺母。使用时用弓形的手柄连续转动，工作效率较高。

图2-20　扭力扳手

图2-21　套筒扳手

3. 钢丝钳、铁丝剪、斩斧

钢丝钳（图2-22）、铁丝剪（图2-23）、斩斧用于剪断铁丝和钢丝。

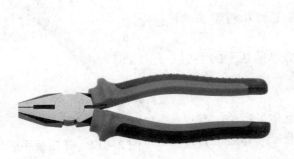

图2-22　钢丝钳

图2-23　铁丝剪

钢丝钳又名花腮钳、克丝钳，用于夹持或弯折薄片形、圆柱形金属零件及切断金属丝，其旁刃口也可用于切断细金属丝。

4. 撬棍（撬杠）

撬棍（撬杠）是用来移动物体和矫正构件。用圆钢或六角钢（Q255钢或45钢）锻制而成，一头做成尖锥形，另一头做成鸭嘴形或虎牙形，并弯折成40°~50°，如图2-24所示。

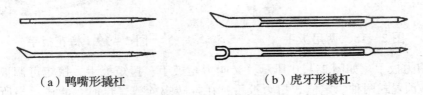

（a）鸭嘴形撬杠　　　　　　　　（b）虎牙形撬杠

图2-24　撬棍图

2.2.2 常用吊具

1. 钢丝绳

结构吊装施工中，常用的钢丝绳是由 6 束绳股和一根绳芯捻成的，绳芯通常为麻芯，绳股是由多根直径为 0.4~4mm、强度为 1400~2000MPa 的高强度钢丝捻成的。钢丝绳按绳股及每股中的钢丝数可区分为 6 股 19 丝、6 股 37 丝和 6 股 61 丝等几种，如图 2-25 所示。各种绳索的规格性能见产品合格证。选用时要确保安全，使绳索承受的拉力在允许拉力的范围内。

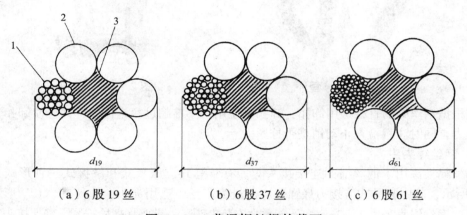

（a）6 股 19 丝　　（b）6 股 37 丝　　（c）6 股 61 丝

图 2-25　普通钢丝绳的截面

1—钢丝；2—由钢丝绕成的绳股；3—绳芯

2. 吊钩

吊钩是起重装置钩挂重物的吊具。吊钩有单钩、双钩两种形式，常用单钩形式有直柄单钩和吊环圈单钩两种，如图 2-26 所示。

（a）直柄单钩　　（b）吊环圈单钩　　（c）双钩

图 2-26　吊钩图

吊钩表面应光滑，不得有剥痕、刻痕、锐角、裂缝等缺陷，并不准补焊后使用。在挂吊索时，要特别注意将吊索挂到吊钩底。

3. 套环（三角圈）

套环装置在钢丝绳的端头，使钢丝绳在弯曲处呈弧形，不易折断，如图 2-27 所示。

套环的选用应根据钢丝绳的直径大小和受力情况来决定。

4. 卸扣

卸扣又称卡环，用于吊索与吊索或吊索同构件吊环之间的连接。卸扣由一个止动销和一个 U 形环组成，如图 2 - 28 所示。

图 2 - 27　套环　　　　　　　　图 2 - 28　卸扣

应根据钢丝绳的直径选用卸扣，卸扣在使用时不准超过额定荷载，并应使卸扣销轴和环底受力，同时注意检查止动销是否拧紧。

5. 钢丝绳夹头

钢丝绳夹头用于钢丝绳的连接接头等。有骑马式、压板式和拳握式三种形式，如图 2 - 29 所示，其中骑马式连接力最强，应用最为广泛。选用夹头，应使其"U"形环的内侧净距比钢丝绳直径大 1 ~ 3mm，不能太大安装夹头，一定要将螺栓拧紧，确保接头牢固。

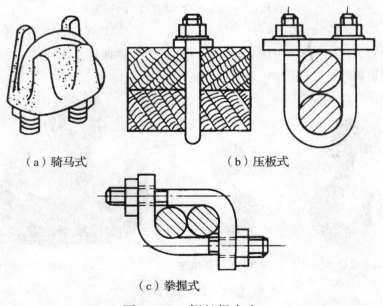

（a）骑马式　　　　　　　（b）压板式

（c）拳握式

图 2 - 29　钢丝绳夹头

6. 横吊梁

横吊梁，又称铁扁担，用于承担吊索对构件的轴向压力和减少起吊高度。其装置如图 2 - 30 所示。

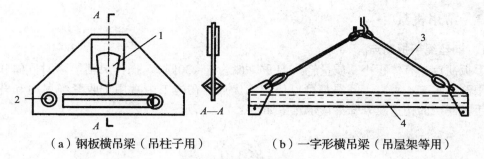

（a）钢板横吊梁（吊柱子用）　　　（b）一字形横吊梁（吊屋架等用）

图 2-30　横吊梁

1—挂起重机吊钩的孔；2—挂吊索的孔；3—吊索；4—金属支杆

7. 花篮螺栓

花篮螺栓，又称螺旋拉紧器、螺旋扣。主要用于拉紧或放松拉绳索和缆风绳的一种常用工具，形状如图 2-31 所示。高层建筑外脚手架如果采用斜拉悬吊卸荷方法搭设，斜拉杆（索）经常采用花篮螺栓调整其长度和拉紧力。

这些花篮螺栓拉紧或松弛幅度一般在 80~500mm 之间；承载能力可以在 1~45kN 之间。花篮螺栓分为 CO 型、CC 型、OO 型 [图 2-31（a）、（b）、（c）] 等。所谓 "C"、"O" 型表示的都是螺杆端部的挂钩形式。

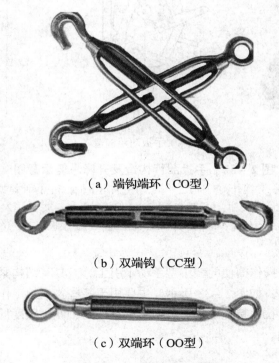

（a）端钩端环（CO型）

（b）双端钩（CC型）

（c）双端环（OO型）

图 2-31　花篮螺栓

在选用时，应根据所需要的张拉荷载、松紧弛张的幅度要求以及挂钩要求全面考虑后，根据花篮螺栓规格长度来选择型号。

2.2.3　常用机具

1. 钢丝绳手扳葫芦

手扳葫芦具有体积小、质量轻（自重一般为6～30kg）、操作灵活、牵引方向和距离不受限制，水平、垂直、倾斜都可以使用等优点，在施工中常用于收紧缆风绳和升降吊篮。手扳葫芦的构造及升降吊篮示意图如图2-32所示。

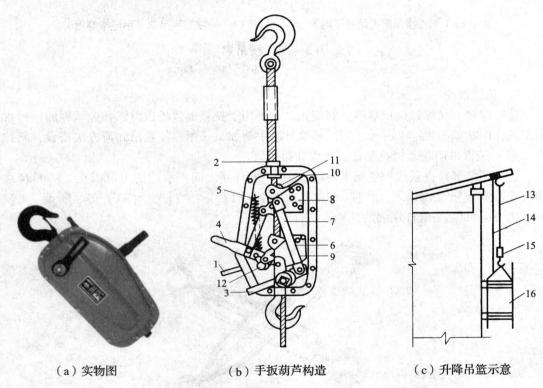

（a）实物图　　　　（b）手扳葫芦构造　　　　（c）升降吊篮示意

图2-32　手扳葫芦构造及升降吊篮示意图

1—松卸手柄；2—导绳扎；3—前进手柄；4—倒退手柄；5—拉伸弹簧；6—左连杆；
7—右连杆；8—前夹钳；9—后夹钳；10—偏心扳；11—夹子；12—拆卸曲柄；
13—φ9mm钢丝绳；14—φ12.5mm保险绳；15—手扳葫芦；16—吊篮

2. 环链手扳葫芦

环链手扳葫芦属于操作简便的轻小型手动牵引工具，具有结构紧凑、轻巧省力、携带方便和安全可靠等特点，如图2-33所示。主要用于某些狭小的工作场所、野外作业、高空作业或各种角度的牵拉，特别是在无电源、移动性强、使用频度低和不宜采用机动起重设备的场合，尤为适用。

3. 手拉环链葫芦

手拉环链葫芦又叫做链条葫芦，俗称"神仙葫芦"，它适用于小型设备和重物的短距离吊装，起重量一般不超过10t。手拉环链葫芦的特点是结构紧凑、手拉力小、使用平稳，比其他起重机械容易掌握，是一种常用的简易起重工具，在升降式脚手架上应用较多。

图 2 −33 环链手扳葫芦

手拉环链葫芦由链条（手拉链）、链轮、传动机构、起重链及上下吊钩等组成，如图 2 −34 所示。

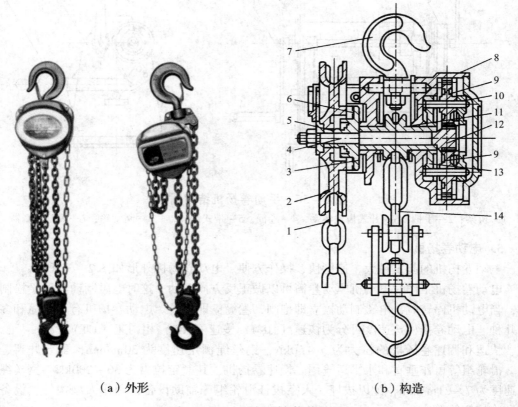

（a）外形　　　　　　　　　　　　　　　　（b）构造

图 2 −34 手拉环链葫芦构造

1—手拉链；2—链轮；3—棘轮圈；4—链轮轴；5—圆盘；6—摩擦片；7—吊钩；
8—齿圈；9、12—齿轮；10—齿轮轴；11—起重链轮；13—驱动机构；14—起重链

4．手动卷扬机

手动卷扬机是用手摇柄经过一级或二级齿轮减速后驱动卷筒旋转的卷扬机，如图 2－35 所示。

图 2－35　手动卷扬机

手动卷扬机为单卷筒式，钢丝绳的牵引速度为 0.5～3m/min，拉力为 5～100kN，常用作小型物件的吊运，其结构如图 2－36 所示。

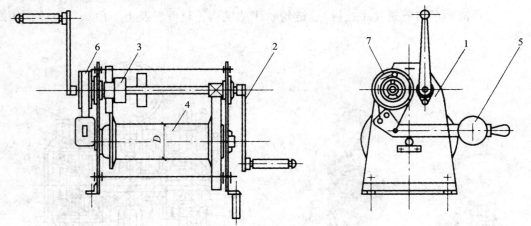

图 2－36　手动卷扬机结构图
1—机架；2—手柄；3—开式齿轮传动；4—卷筒；5—带式制动器；6—制动轮；7—棘轮限制器

5．电动卷扬机

电动卷扬机的起重量大、速度快、操作方便。电动卷扬机外形如图 2－37 所示。

电动卷扬机工作时电动机驱动卷筒可以做正反方向转动，这时电磁制动器处于松闸状态；当电动机停转时，电磁制动器立即抱闸，卷筒立即停转。电动卷扬机有单卷筒和多卷筒几种。电动卷扬机按速度可分为快速（JJK）、慢速（JJM）相调速（JJT）3 种。

快速和调速卷扬机的拉力为 5～50kN，钢丝绳额定速度为 30m/min，配合井架、吊篮、滑轮组等可作垂直和水平运输用。慢速卷扬机，其额定拉力为 30～200kN，钢丝绳额定速度为 7～21m/min，配以拔杆、人字拔杆滑轮组等辅助设备，用作大型构件、设备安装和冷拉钢筋等用。

6．千斤顶

在建筑施工查中，经常出现由于地基原因导致部分主杆下沉，使脚手架发生倾斜，此

（a）外形

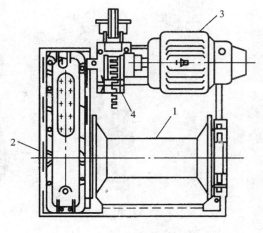

（b）构造

图 2 –37　电动卷扬机

1—卷筒；2—减速器；3—电动机；4—电磁制动器

时，可以采用多人、多处一起用千斤顶慢慢顶升，然后在主杆与地面的空隙处夯实土层、衬入枕木再调整好整体脚手架的平直。

由于千斤顶体积小、构造简单、操作简便、工作时无冲击、无振动，能保证重物准确地停在一定的高度上，升举重物时不需要绳索、链条等辅助设备，所以经常被用于设备安装位置的校正。千斤顶按照不同的结构形式和工作原理，可以分为如图 2 –38 所示的几种。

（a）齿条千斤顶

（b）螺旋千斤顶

（c）油压千斤顶

图 2 –38　千斤顶

齿条千斤顶在建筑安装工作中不常用。螺旋千斤顶结构紧凑、轻巧，起重能力一般为 5 ~ 500kN，工作行程（即顶升距离）为 130 ~ 350mm，可以直立使用，也可以水平使用。油压千斤顶最突出的特点是承载能力大，其承载能力为 150 ~ 5000kN，起升高度为 100 ~ 200mm，操作平稳、省力，所以在设备安装中使用广泛。

7．滑车和滑车组

（1）滑车的种类。滑车是一种省力的机械，它还可以改变力的方向，是起重机中的主要组成部分。滑车可分为以下几类，如图 2 –39 所示。

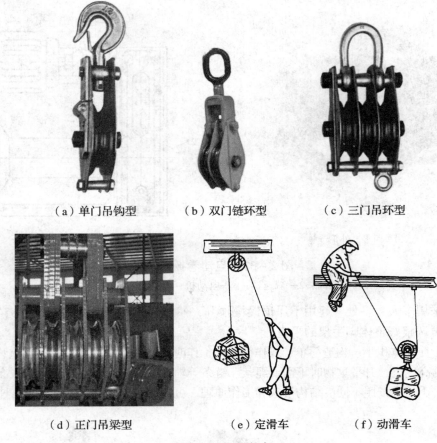

（a）单门吊钩型　　　　（b）双门链环型　　　　（c）三门吊环型

（d）正门吊梁型　　　　（e）定滑车　　　　　（f）动滑车

图 2－39　滑车

1）按滑轮的多少，滑车可分为单门（一个滑轮）、双门（两个滑轮）和多门滑车。

2）按连接件的结构形式不同，滑车可分为吊钩型、链环型、吊环型、吊梁型等。

3）按使用方式不同，滑车可分为定滑车与动滑车。

（2）滑车组的种类。滑车组由一定数量的定滑车和动滑车及绕过它们的绳索所组成，是既省力又能改变力的方向的简单起重机械。按照跑头（引出绳头）引出的方向不同，滑车组可以分为如图 2－40 所示的三类。

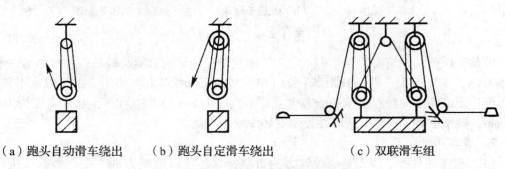

（a）跑头自动滑车绕出　　（b）跑头自定滑车绕出　　　（c）双联滑车组

图 2－40　滑车组的种类

3 落地式脚手架的搭拆

3.1 落地扣件式钢管脚手架

3.1.1 落地扣件式钢管脚手架的构造

1. 主要组成构件及作用

落地扣件式钢管脚手架，由立杆、纵向水平杆（大横杆）、横向水平杆（小横杆）、剪刀撑、横向斜撑、连墙件等组成，如图 3-1 所示。组成脚手架的主要构件及作用见表 3-1。

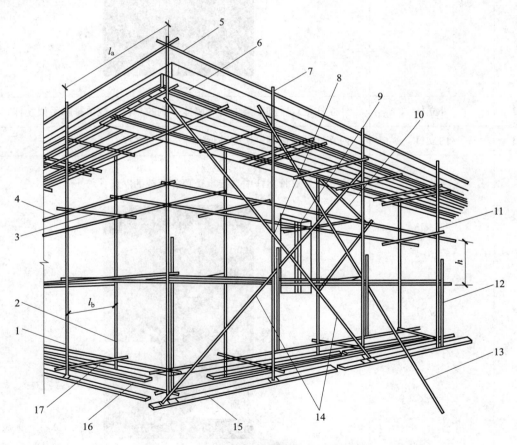

图 3-1 落地扣件式钢管脚手架构造图

1—外立杆；2—内立杆；3—横向水平杆；4—纵向水平杆；5—栏杆；6—挡脚板；7—直角扣件；8—旋转扣件；9—连墙件；10—横向斜撑；11—主立杆；12—副立杆；13—抛撑；14—剪刀撑；15—垫板；16—纵向扫地杆；17—横向扫地杆；l_a—纵距；l_b—横距；h—水平杆距

表 3 – 1　落地扣件式钢管脚手架的主要组成构件及作用

序号	名　　称	安装位置及作用
1	立杆 （立柱、站杆、冲天）	立杆是脚手架中垂直于水平面的竖向杆件，是传递脚手架结构自重荷载、施工荷载与风荷载的主要受力杆件
2	外立杆	外立杆是双排脚手架中离开墙体一侧的立杆，或单排脚手架立杆
3	内立杆	内立杆是双排脚手架中贴近墙体一侧的立杆
4	主立杆	主立杆是双管立杆中直接承受顶部荷载的立杆
5	副立杆	副立杆是双管立杆中分担主立杆荷载的立杆
6	水平杆	水平杆是承受并传递施工荷载给立杆的主要受力杆件

续表 3 – 1

序号	名　称	安装位置及作用
7	纵向水平杆（大横杆）	纵向水平杆是沿脚手架纵向设置的，在双排脚手架中平行于建筑物的通长水平杆
8	横向水平杆（小横杆）	横向水平杆是沿脚手架横向设置的，在双排脚手架中垂直于建筑物，连接脚手架内、外立杆的水平杆件（单排脚手架中，一端连接外立杆，另一端搭在建筑物外墙上）
9	角杆	角杆是位于脚手架转角处的立杆
10	双管立杆	双管立杆是两根并列紧靠的立杆

续表 3 – 1

序号	名　称	安装位置及作用
11	扫地杆	扫地杆是贴近地面，连接立杆根部的水平杆
12	纵向扫地杆	纵向扫地杆是沿纵向设置的扫地杆，可约束立杆底端纵向发生位移
13	横向扫地杆	横向扫地杆是沿横向设置的扫地杆，可约束立杆底端横向发生位移
14	连墙件	连墙件是连接脚手架与建筑物的构件，是脚手架中承受、传递风荷载，并防止脚手架在横向失稳或倾覆的重要受力构件
15	刚性连墙件	刚性连墙件是采用钢管、扣件或预埋件组成的连墙件
16	柔性连墙件	柔性连墙件是采用钢筋作拉筋构成的连墙件
17	横向斜撑	横向斜撑是与双排脚手架内、外立杆斜交，呈"之"字形的斜杆，可增强脚手架的横向刚度，保证脚手架具有必要的承载能力

续表 3 - 1

序号	名　称	安装位置及作用
18	剪刀撑	剪刀撑是在脚手架外侧面成对设置的交叉斜杆，可增强脚手架的纵向刚度，保证脚手架具有必要的承载能力
19	抛撑杆	抛撑杆是与脚手架外侧面斜交的杆件，在架体连墙件未安装稳定前，起到防止架体向外侧倾倒的作用
20	脚手板	脚手板是提供施工操作条件，承受、传递施工荷载给纵、横向水平杆的板件，并起到安全防护作用
21	扣件	扣件是采用螺栓紧固的连接件，是组成脚手架的主要构件

续表 3 – 1

序号	名 称	安装位置及作用
22	直角扣件	直角扣件是用于垂直交叉杆件之间的连接件，是依靠扣件与钢管表面间的摩擦力传递施工荷载、风荷载的受力构件
23	对接扣件	对接扣件是用于杆件之间对接的连接件，也是传递荷载的受力构件
24	旋转扣件	旋转扣件是用于平行或斜交杆件之间连接的扣件
25	防滑扣件	防滑扣件是根据抗滑要求增设的非连接用途扣件
26	底座	底座是设于立杆底部的垫座，承受并传递立杆荷载给地基的构件

续表 3 –1

序号	名　称	安装位置及作用
27	固定底座	固定底座是不能调节支垫高度的底座
28	可调底座	可调底座是能够调节支垫高度的底座
29	垫板	垫板是设于底座下的支承板

2．各组件的构造要求

（1）立杆。立杆一般用单根，当脚手架较高、负荷较重时可以采用双根立杆。每根立杆底部应设置底座或垫板。立杆顶端宜高出女儿墙上皮 1m，高出檐口上皮 1.5m。立杆接长除顶层顶步可采用搭接接头外，其余各层各步接头应采用对接扣件连接（对接的承载能力比搭接大 2.14 倍）。

立杆上的对接接头应交错布置，在高度方向错开的距离不应小于 500mm，各接头中心距主节点的距离不应大于步距的 1/3；立杆的搭接长度不应小于 1m，不少于 2 个旋转扣件固定，端部扣件盖板的边缘至杆端距离不应小于 100mm。

要求双管立杆中副立杆的高度不低于 3 步，钢管长度不应小于 6m，双管立杆与单管立杆的连接可以采用图 3 – 2 所示的方式。主立杆与副立杆采用旋转扣件连接，扣件数量不应小于 2 个。

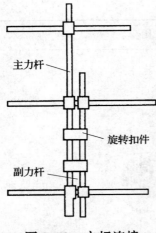

图 3 - 2 立杆连接

脚手架应设置纵、横向扫地杆，并用直角扣件固定在立杆上，横向扫地杆的扣件在下，扣件距底座上皮不大于200mm。当立杆的基础不在同一高度上时，应将高处的纵向扫地杆向低处延长两跨与立杆固定，高低差不应大于 1m，靠边坡上方的立杆轴线到边坡的距离不应小于500mm，如图3 - 3 所示。脚手架底层步距不应大于 2m。立杆应用连墙件与建筑物可靠连接，连墙件布置间距宜按规范进行采用。

（2）大横杆构造。大横杆宜设置在立杆内侧，其长度不宜小于3跨，不应小于6m。当使用冲压钢脚手板、木脚手板、竹串片脚手板时，大横杆应当设在小横杆之下，采用直角扣件与立杆连接；当使用竹笆脚手板时，大横杆应当设在小横杆之上，采用直角扣件固定在小横杆上，应等间距设置，间距不应大于400mm，如图 3 - 4 所示。

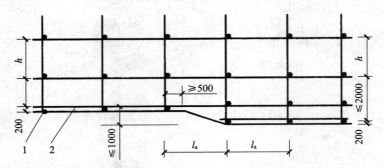

图 3 - 3 纵横向扫地杆构造
1—横向扫地杆；2—纵向扫地杆

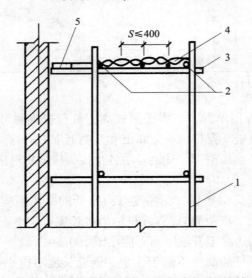

图 3 - 4 铺竹笆脚手板时纵向水平杆的构造
1—立杆；2—纵向水平杆；3—横向水平杆；4—竹笆脚手板；5—其他脚手板

大横杆接长宜采用对接扣件连接，也可采用搭接。对接、搭接应符合下列规定：

1）大横杆的对接扣件应交错布置，相邻两接头不宜设置在同步或同跨内，在水平方向错开的距离不应小于500mm；各接头中心至最近主节点的距离不宜大于纵距的1/3，如图3-5所示。

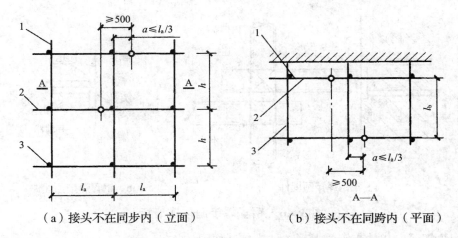

（a）接头不在同步内（立面）　　　　（b）接头不在同跨内（平面）

图3-5　纵向水平杆对接接头布置

1—立杆；2—纵向水平杆；3—横向水平杆

2）搭接长度不应小于1m，应等间距设置三个旋转扣件固定，端部扣件盖板边缘至搭接纵向水平杆杆端的距离不应小于100mm。

（3）小横杆构造。主节点处必须设置一根小横杆，用直角扣件固定在大横杆上且严禁拆除。作业层上非主节点处的小横杆，宜根据支承脚手板的需要等间距设置，最大间距不应大于纵距的1/2。

当使用冲压钢脚手板、木脚手板、竹串片脚手板时，双排脚手架的小横杆两端均应采用直角扣件固定在大横杆上；单排脚手架的小横杆的一端，应用直角扣件固定在大横杆上，另一端应插入墙内，插入长度不应小于180mm。

在使用竹笆脚手板时，双排脚手架的小横杆两端应用直角扣件固定在立杆上；单排脚手架的小横杆的一端应用直角扣件固定在立杆上，另一端应插入墙内，插入长度不应小于180mm。

（4）连墙杆构造。连墙件布置最大间距应符合表3-2的规定。

表3-2　连墙件布置最大间距

搭设方法	高度（m）	竖向间距	水平间距	每根连墙件覆盖面积（m²）
双排落地	≤50	$3h$	$3l_a$	≤40
双排悬挑	>50	$2h$	$3l_a$	≤27
单排	≤24	$3h$	$3l_a$	≤40

注：h—步距；l_a—纵距。

连墙件有刚性连墙件和柔性连墙件两类。

1）刚性连墙件。刚性连墙件（杆）一般有三种做法：

①连墙杆与预埋件焊接而成。在现浇混凝土的框架梁、柱上留预埋件，然后用钢管或角钢的一端与预埋件焊接，如图 3 - 6 所示，另一端与连接短钢管用螺栓连接。

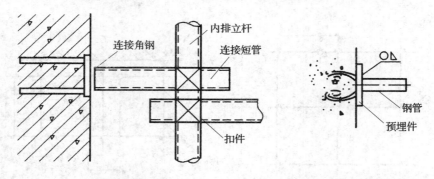

（a）角钢焊接预埋件　　　　　　　（b）钢管焊接预埋件

图 3 - 6　钢管焊接刚性连墙杆

②用短钢管、扣件与钢筋混凝土柱连接，如图 3 - 7 所示。

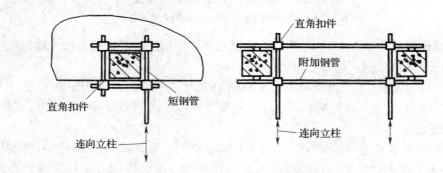

图 3 - 7　钢管扣件柱刚性连墙杆

③用短钢管、扣件与墙体连接，如图 3 - 8 所示。

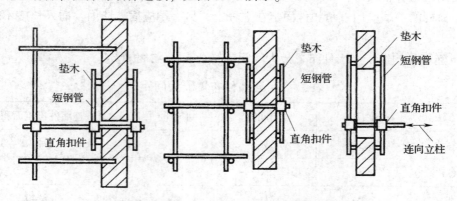

图 3 - 8　钢管扣件墙刚性连墙杆

2）柔性连墙件。单排脚手架的柔性连墙件做法如图 3 – 9（a）所示，双排脚手架的柔性连墙件做法如图 3 – 9（b）所示。拉接和顶撑必须配合使用。其中拉筋用 $\phi6$ 钢筋或 $\phi4$ 的钢丝，用以承受拉力，顶撑用钢管和木楔，用以承受压力。

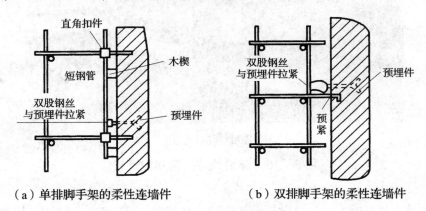

（a）单排脚手架的柔性连墙件　　　　（b）双排脚手架的柔性连墙件

图 3 – 9　柔性连墙件

连墙件的布置应符合下列规定：

①宜靠近主节点设置，偏离主节点的距离不应大于 300m。

②宜优先采用菱形布置，也可采用方形、矩形布置。

③应从底层第一步大横杆处开始设置，当该处设置有困难时，应采用其他可靠措施固定。

④一字形、开口形脚手架的两端必须设置连墙件，连墙件的垂直间距不应大于建筑物的层高，并不应大于 4m（两步）。

对高度在 24m 以下的单排、双排脚手架，宜采用刚性连墙件与建筑物可靠连接，亦可采用拉筋和顶撑配合使用的附墙连接方式。严禁使用仅有拉筋的柔性连墙件。对高度 24m 以上的双排脚手架，必须采用刚性连墙件与建筑物可靠连接，如图 3 – 10 所示。

（a）连墙件与窗口连接

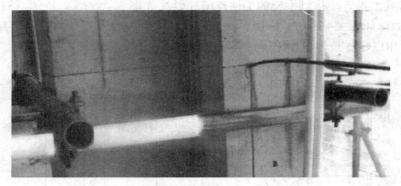

（b）连墙件与柱连接

图 3 – 10　连墙件与建筑物的连接

连墙件的构造应符合下列规定：

①连墙件中的连墙杆或拉筋宜呈水平设置，当不能水平设置时，与脚手架连接的一端应下斜连接，不应采用上斜连接，如图 3 – 11 所示；连墙件必须采用可承受拉力和压力的构造。

图 3 – 11　连墙件下斜连接

②当脚手架下部暂不能设连墙件时可搭设抛撑。抛撑应采用通长杆件与脚手架可靠连接，与地面的倾角应为 45°～60°，应在连墙件搭设后方可拆除。

③架高超过 40m 且有风涡流作用时，应采取抗上升翻流作用的连墙措施。

（5）剪刀撑设置。

1）每道剪刀撑跨越立杆的根数宜按表 3 – 3 的规定确定。每道剪刀撑宽度不应小于 4 跨，且不应小于 6m，斜杆与地面的倾角宜在 45°～60° 之间。

表 3 - 3 剪刀撑跨越立杆的最多根数

剪刀撑斜杆与地面的倾角	45°	50°	60°
剪刀撑跨越立杆的最多根数	7	6	5

2）高度在 24m 以下的单排、双排脚手架，均必须在外侧立面的两端各设置一道剪刀撑，应由底至顶连续设置；中间各道剪刀撑之间的净距不应大于 15m，如图 3 - 12 所示。

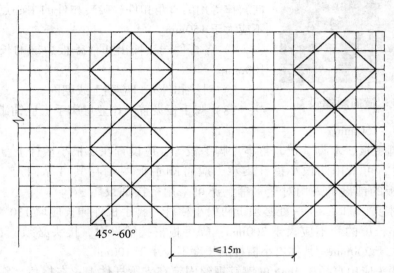

45°~60°

≤15m

图 3 - 12 剪刀撑布置示意图（高度 24m 以下）

3）高度在 24m 以上的双排脚手架应在外侧立面整个长度和高度上连续设置剪刀撑。

4）剪刀撑斜杆应用旋转扣件固定在与之相交的小横杆的伸出端或立杆上，旋转扣件中心线至主节点的距离不宜大于 150mm，如图 3 - 13 所示。

5）剪刀撑斜杆的接长宜采用搭接，搭接要求同立杆搭接要求。

（6）横向斜撑设置（图 3 - 14）。

1）横向斜撑应在同一节间，由底层至顶层呈之字形连续布置。

2）"一"字形、开口形双排脚手架的两端均必须设置横向斜撑。

3）高度在 24m 以下的封闭型双排脚手架可不设横向斜撑。

4）高度在 24m 以上的封闭型脚手架，除拐角应设置横向斜撑外，中间应每隔 6 跨设置一道。

图 3 - 13 剪刀撑固定点

图 3 – 14 横向斜撑设置

（7）扣件安装。

1）扣件规格应与钢管外径 φ48 或 φ51 相同。

2）螺栓拧紧扭力矩不应小于 40N·m，且不应大于 65N·m。扣件螺栓拧得太紧或拧过头，脚手架承受荷载后，容易发生扣件崩裂或滑丝，发生安全事故。扣件螺栓拧得太松，脚手架承受荷载后，容易发生扣件滑落，发生安全事故。

3）在主节点处固定小横杆、大横杆、剪刀撑、横向斜撑等用的直角扣件、旋转扣件的中心点的相互距离不应大于 150mm。

4）各杆件端头伸出扣件盖板边缘的长度不应小于 100mm。

5）对接扣件开口应朝上或朝内。

（8）脚手板设置。作业层脚手板应铺满、铺稳，离开墙面为 120～150mm。

冲压钢脚手板、木脚手板、竹串片脚手板等，应设置在 3 根小横杆上。当脚手板长度小于 2m 时，可采用两根小横杆支承，应将脚手板两端与其可靠固定，严防倾翻。此三种脚手板的铺设可采用对接平铺，亦可采用搭接铺设。

脚手板对接平铺时，接头处必须设两根小横杆，脚手板外伸长应取 130～150mm，两块脚手板外伸长度的和不应大于 300mm；脚手板搭接铺设时，接头必须支在小横杆上，搭接长度应大于 200mm，其伸出小横杆的长度不应小于 100mm。

脚手板探头应用直径 3.2mm 的镀锌钢丝固定在支承杆件上；在拐角、斜道平台口处的脚手板应与小横杆可靠连接，防止滑动；自顶层作业层的脚手板往下计，宜每隔 12m 满铺一层脚手板。

竹笆脚手板应按其主竹筋垂直于大横杆方向铺设，采用对接平铺，四个角应用直径 1.2mm 的镀锌钢丝固定在大横杆上。

（9）护栏与挡脚板设置。脚手架搭设到两步架以上时，操作层应设置高 1.2m 的防护栏杆和高度不小于 0.18m 的挡脚板，以防止人、物的闪出和坠落。栏杆和挡脚板均应搭设在外立杆的内侧，中栏杆应居中设置。

（10）八字撑布置。脚手架搭设在遇到门洞通道时，为了施工方便和不影响通行与运输，应设置八字撑，如图 3 – 15 所示。八字撑设置的方法是在门洞或过道处反空 1～2 根立杆，并将悬空的立杆用斜杆逐根连接到两侧立杆上并用扣件扣牢，形成八字撑。斜面撑与地面呈 45°～60°，上部相交于洞口上部 2～3 步大横杆上，下部埋入土中不少于 300mm。洞口处大横杆断开。

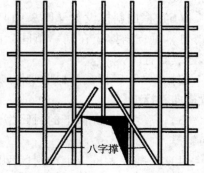

图 3 – 15 通道处八字撑布置

3.1.2 落地扣件式钢管脚手架的搭设

1. 施工准备

（1）脚手架施工专项要求。根据施工建筑物的结构和施工现场的状况，在施工组织设计中，对脚手架施工提出专项要求和安全技术措施。对于达到一定规模或危险性较大的脚手架工程，应进行设计计算并编制脚手架专项施工方案，按规定审批后执行。

（2）安全技术的交底。施工单位工程负责人或技术负责人，应按照施工组织设计或脚手架专项施工方案中有关脚手架施工的要求，以及国家现行脚手架标准的强制性规定，向架设和使用人员进行安全技术交底。安全技术交底的主要内容应包括：

1）工程概况：待建工程的面积、层数、层高，建筑物总高度、建筑结构类型等。

2）选用的脚手架类型、形式，脚手架的搭设高度、步距、宽度、跨距及连墙件的布置要求等。

3）明确脚手架搭设质量标准及安全技术措施。

4）根据工程综合进度计划，介绍脚手架施工的方法和安排，工序的搭接，工种的配合等情况。

5）施工现场的地基处理情况。

（3）脚手架材料的验收。按规定对钢管、扣件、脚手板等搭设材料进行检查和验收，不合格产品不得使用搭设。

（4）检验合格构配件的处理。经检验合格的构配件按品种、规格分类，堆放整齐平稳，堆放场地不得存有积水，如图 3-16 所示。

图 3-16　脚手架材料按品种、规格分类

（5）清除搭设场地。清除搭设场地的杂物，平整搭设场地，夯实基土，使排水畅通。

（6）基础加固措施。当脚手架基础下有设备基础或管沟时，在脚手架使用过程中不应开挖，否则必须采取加固措施。

2. 搭设顺序

按建筑物平面形式放线→铺垫板→按立杆间距排放底座→摆放纵向扫地杆→逐根竖立杆→与纵向扫地杆扣紧→安放横向扫地杆→与立杆或纵向扫地杆扣紧→绑扎第一步纵向水平杆和横向水平杆→绑扎第二步纵向水平杆和横向水平杆→加设临时抛撑（设置两道连墙

杆后可拆除）→绑扎第三、第四步纵向水平杆和横向水平杆→设置连墙杆→绑扎横向斜撑→接立杆→绑扎剪刀撑→铺脚手板→安装护身栏杆和扫脚板→绑扎封顶杆→立挂安全网。

3. 搭设要点

落地扣件式钢管脚手架搭设要点见表3-4。

表3-4　落地扣件式钢管脚手架搭设要点

要　　点	图示及内容
按建筑物的平面形式放线、铺垫板	根据脚手架的构造要求放出立杆位置线，然后按线铺设垫板，垫板厚度不小于50mm，再按立杆的间距要求放好底座   
摆放扫地杆、竖立杆	脚手架必须设置纵、横向扫地杆。纵向扫地杆应采用直角扣件固定在距底座上皮不大于200mm处的立杆内侧；横向扫地杆也应采用直角扣件固定在紧靠纵向扫地杆下方的立杆上  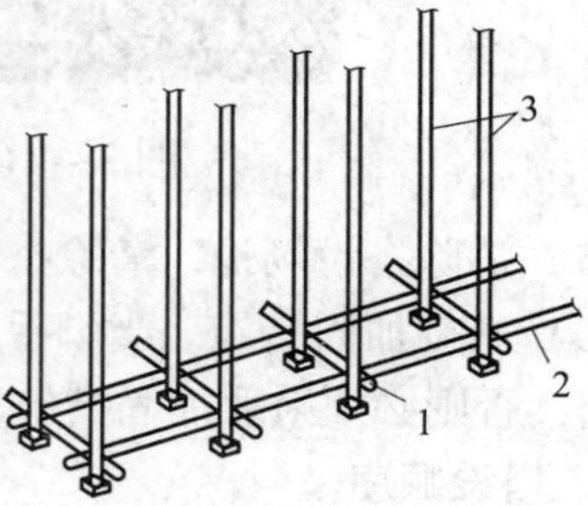 1—横向扫地杆；2—纵向扫地杆；3—立杆

续表 3 – 4

要　　点	图示及内容
摆放扫地杆、 竖立杆	竖立杆时，将立杆插入底座中，并插到底。要先里排后外排，先两端后中间。在与纵向水平杆扣住后，按横向水平杆的间距要求，将横向水平杆与纵向水平杆连接扣住，然后绑上临时抛撑（斜撑）。开始搭设立杆时，应每隔 6 跨设置一根抛撑，直至连墙件安装稳定后，方可根据情况拆除。立杆必须用连墙件与建筑物可靠连接。严禁将 $\phi48mm$ 与 $\phi51mm$ 的钢管混合使用 　　对于双排脚手架，在第一步架搭设时，最好有 6~8 人互相配合操作。立杆竖起时，最好有两人配合操作，一人拿起立杆，将一头顶在底座处；另一人用左脚将立杆底端踩住，再用左手扶住立杆，右手帮助用力将立杆竖起，待立杆竖直后插入底座内。一人不松手继续扶住立杆，另一人再拿起纵向水平杆与立杆绑扎
安装纵、横向 水平杆的 操作要求	应先安装纵向水平杆，再安装横向水平杆。纵向水平杆宜设置在立杆内侧，其长度不宜小于 3 跨 铺冲压钢脚手板

续表 3 – 4

要　点	图示及内容
安装纵、横向水平杆的操作要求	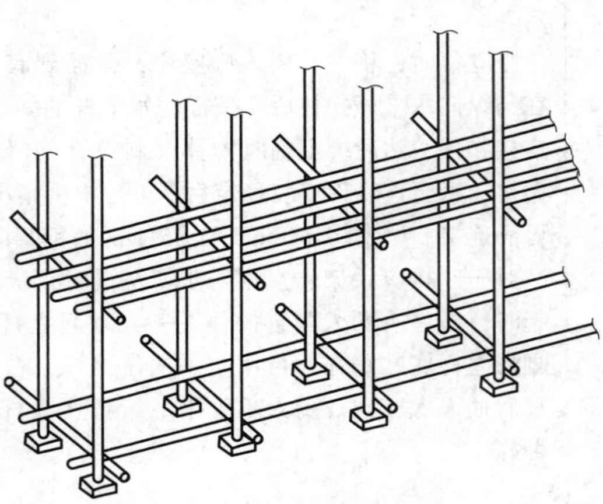 铺竹笆脚手板 　　进行各杆件连接时，必须有一人负责校正立杆的垂直度和纵向水平杆的水平度。立杆的垂直偏差控制在 1/200 以内。在端头的立杆校直后，以后所竖的立杆就以端头立杆为标志穿直即可
连墙件	连墙件中的连墙杆或拉筋宜呈水平设置，连墙件必须采用可承受拉力和压力的构造。连墙件设置数量应符合表 3 – 2 的规定
剪刀撑和横向斜撑	双排脚手架应设剪刀撑和横向斜撑，单排脚手架应设剪刀撑。高度在 24m 以下的单、双排脚手架，均必须在外侧立面的两端各设置一道剪刀撑，并应由底至顶连续设置。高度在 24m 以上的双排脚手架，应在外侧立面整个长度和高度上连续设置剪刀撑。横向斜撑应在同一节间、由底至顶呈"之"字形连续布置。剪刀撑和横向斜撑搭设应随立杆、纵向水平杆、横向水平杆等同步进行
脚手板的设置	作业层脚手板应铺满、铺稳，离开墙面 120～150mm，端部脚手板探头长度应取 150mm，其板长两端均应与支承杆可靠固定 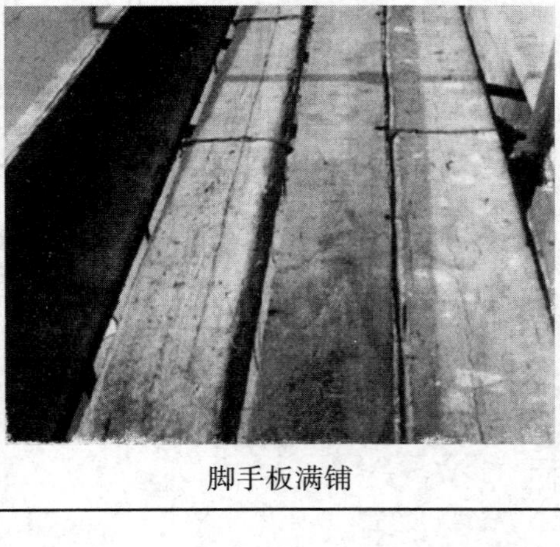 脚手板满铺

续表 3 – 4

要　　点	图示及内容
脚手板的设置	 脚手板探头固定 　　冲压钢脚手板、木脚手板、竹串片脚手板等，应设置在三根横向水平杆上。当脚手板长度小于 2m 时，可采用两根横向水平杆支承。此三种脚手板的铺设可采用对接平铺或搭接铺设  脚手板对接平铺  脚手板搭接铺设 　　竹笆脚手板应按其主竹筋垂直于纵向水平杆方向铺设，且采用对接平铺，四个角应用直径为 1.2mm 的镀锌钢丝固定在纵向水平杆上

续表 3 – 4

要　　点	图示及内容
护身栏和挡脚板	护身栏和挡脚板应设在外立杆内侧；上栏杆上皮高度应为 1.2m，中栏杆应居中设置；挡脚板高度应不小于 180mm 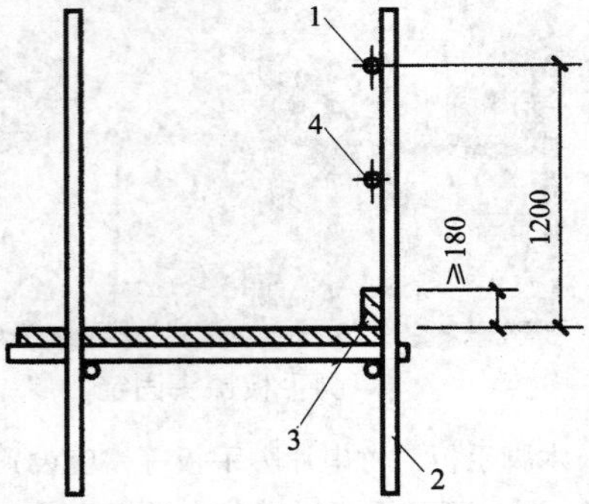  1—上栏杆；2—外立杆；3—挡脚板；4—中栏杆
搭设安全网	一般沿脚手架外侧满挂封闭式安全立网，底部搭设防护棚，立网应与立杆和纵向水平杆扎牢固，绑扎间距小于 0.30m。在脚手架底部离地面 3～5m 和层间每隔 3～4 步处，设水平安全网及支架一道，水平安全网的水平张角约为 20°，支护距离大于 2m 时，用调整拉夹角来调整张角和水平距离，并使安全网张紧。在安全网支架层位的上下两节点必须设连杆各一个，水平距离四跨设一个连墙杆 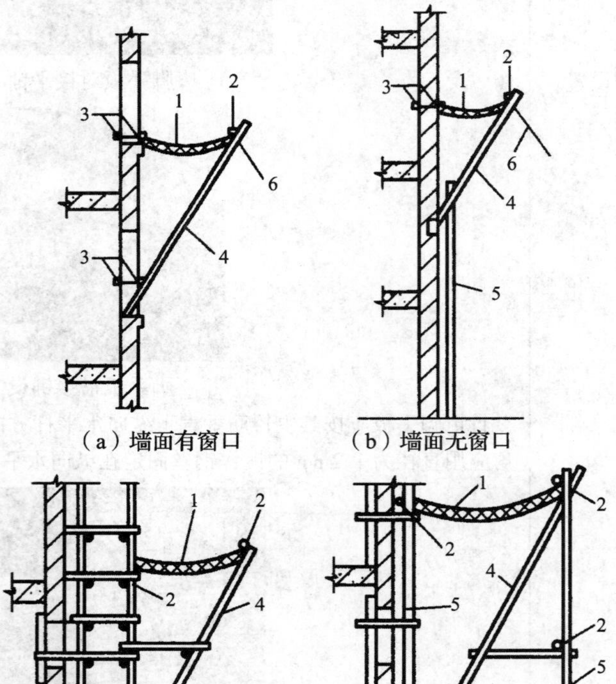 （a）墙面有窗口　　　　（b）墙面无窗口 （c）3m 宽平网　　　　（d）6m 宽平网 1—平网；2—纵向水平杆；3—拦墙杆；4—斜杆；5—立杆；6—麻绳

续表 3 – 4

要　　点	图示及内容
脚手架的封顶	脚手架封顶时，必须按安全技术操作规程进行 外排立杆顶端，平屋顶的必须超过女儿墙顶面1m；坡屋顶的必须超过檐口顶1.5m。内排立杆必须低于檐口底面15～20cm。脚手架最上一排连墙件以上建筑物高度应不大于4m 在房屋挑檐部位搭设脚手架时，可用斜杆将脚手架挑出。要求挑出部分的高度不得超过两步，宽度不超过1.5m；斜杆应在每根立杆上挑出，与水平面的夹角不得小于60°，斜杆两端均交于脚手架的主节点处；斜杆间距不得大于1.5m；脚手架挑出部分最外排立杆与原脚手架的两排立杆，应至少设置3道平行的纵向水平杆 1—横向水平杆；2—纵向水平杆；3—斜杆；4—立杆；5—栏杆 脚手架顶面外排立杆要绑两道护身栏、一道挡脚板，并要立挂一道安全网，以确保安全和外檐施工方便

3.1.3 落地扣件式钢管脚手架的拆除

1. 脚手架拆除工作的特点

（1）时间紧、任务重。脚手架拆除工作一般在工程完成之后进行，与架体搭设不同，拆除工作往往要求在很短的时间内完成。如建筑物外墙施工用脚手架，架体随建筑结构逐层施工而逐层搭设，整个脚手架可能需要几个月甚至更长的时间，才能搭设完毕。而架体拆除时，整个工程基本结束，可能要求脚手架在几天内拆除，这就要求脚手架拆除组织工作必须做到井井有条，安全有效。

（2）拆除工作难度大。脚手架拆除工作的难度大，主要表现在以下几个方面：

1）拆除均为高处作业，人员、物体坠落的可能性大。

2）大型建筑的外墙脚手架在搭设过程中，常利用塔式起重机等起重运输机械运送架体材料。而当拆除架体时，这些机械一般均已拆除退场，拆除下的各种架体材料只能通过人工运送至地面，操作人员的劳动强度与危险性均较大。

3）拆除架体时，建筑物外墙装饰工程已基本完成，不允许碰撞、损坏，因此减小了架体拆除的操作空间，提高了操作要求。

4）因建筑物外墙装饰已完成，直接影响到架体连墙件的安装数量和质量，也影响到架体的整体稳定性，给架体拆除工作提出了更高的要求。

2. 脚手架拆除的施工准备

扣件式钢管脚手架拆除作业的危险性往往大于搭设作业，因此，在拆除工作开始前，必须充分做好以下准备工作：

（1）明确任务。当工程施工完成后，必须经该工程项目负责人检查并确认不再需要脚手架后，下达正式脚手架拆除通知，方可拆除。

（2）全面检查。检查脚手架的扣件连接、连墙件和支撑体系是否符合扣件式脚手架构造及搭设方案的要求。

（3）制订方案。根据施工组织设计和检查结果，编制脚手架拆除方案，对人员组织、拆除步骤、安全技术措施提出详细要求。拆除方案必须经施工单位安全技术主管部门审批后方可实施。方案审批后，由施工单位技术负责人对操作人员进行拆除工作的安全技术交底。

（4）清理现场。拆除工作开始前，应清理架体上堆放的材料、工具和杂物，清理拆除现场周围的障碍物。

（5）人员组织。施工单位应组织足够的操作人员参加架体拆除工作。一般拆除扣件式钢管脚手架至少需要 8~10 人配合操作，其中 1 人负责指挥并监督检查安全操作规程的执行情况，架体上至少安排 3 人拆除 2 人配合传递材料，1 人负责拆除区域的安全警戒，另外 2~3 人负责清运钢管和扣件。如果是大范围的脚手架拆除，可以将操作人员分成若干个小组，分块、分段进行拆除。

3. 脚手架的拆除工艺流程

脚手架的拆除顺序与搭设顺序相反，后搭的先拆，先搭的后拆。

扣件式钢管脚手架的拆除顺序为：

安全网→剪刀撑→斜道→连墙件→横杆→脚手板→斜杆→立杆→……→立杆底座。

脚手架拆除应自上而下逐层进行，严禁上、下同时作业。

4. 脚手架拆除要点

（1）连墙件必须随脚手架逐层拆除，严禁先将连墙件整层或数层拆除后，再拆脚手架杆件。

（2）如部分脚手架需要保留而采取分段、分立面拆除时，对不拆除部分脚手架的两端必须设置连墙件和横向斜撑。连墙件垂直距离不大于建筑物的层高，并不大于2步（4m）。横向斜撑应自底至顶层呈之字形连续布置。

（3）脚手架分段拆除高差不应大于2步，如高差大于2步，应增设连墙件加固。

（4）当脚手架拆至下部最后一根立杆高度（约6.5m）时，应在适当位置先搭设临时抛撑加固后，再拆除连墙件。

（5）拆除立杆时，把稳上部，再松开下端的联结，然后取下。

（6）拆除水平杆时，松开联结后，水平托举取下。

（7）严禁将拆卸下来的杆配件及材料从高空向地面抛掷，已吊运至地面的材料应及时运出拆除现场，以保持作业区整洁。

（8）拆下的脚手架杆、配件，应及时检验、整修和保养，并按品种、规格、分类堆放，以便运输保管，如图3-17所示。

图3-17　拆下的脚手架杆、配件

3.1.4 落地扣件式钢管脚手架的安全技术

1. 搭设安全技术

（1）人员要求：

1）脚手架搭设人员必须是按现行国家标准的要求，经过考核合格的专业架子工。搭设人员所持有的专业上岗证应由当地劳动部门按规定进行审核，该上岗证应在有效期内使用。非专业架子工或无证架子工不得从事搭设脚手架作业。

2）上岗人员应定期体检，体检合格者方可持证上岗。

3）脚手架搭设人员必须穿工作服，戴好安全帽，系安全带，穿软底防滑鞋。

4）脚手架搭设人员作业时，应集中精力，统一指挥，严格按脚手架操作规程和搭设方案的要求完成架体搭设，坚决杜绝随意搭设。

5）搭设人员每人应配备 1 把钢卷尺，并为脚手架班组配备经纬仪和水平尺，以便随时测量脚手架的几何尺寸和搭设质量。

（2）搭设要求：

1）脚手架的构配件质量必须按规定进行检验，合格后方可使用。

2）脚手架必须配合施工进度搭设，建筑外墙施工用脚手架一次搭设高度不应超过相邻连墙件以上 2 步。

3）严禁将外径为 48mm 的钢管与外径为 51mm 的钢管混合使用。以防扣件连接后节点连接强度达不到规定要求。

4）扣件的安装应符合下列要求：

①扣件规格必须与钢管外径（φ8mm 或 φ51mm）相同。

②扣件的拧紧力矩应不小于 40N·m 且不大于 65N·m。扣件螺栓拧得太紧或拧过头，容易发生扣件崩裂或螺纹损坏；扣件螺栓拧得太松，脚手架承受荷载后容易产生滑脱。两者均为脚手架安全事故隐患。

③水平杆连接时，对接扣件开口应朝侧面，螺栓朝上，防止雨水进入钢管，使钢管锈蚀。

④连接纵向（或横向）水平杆与立杆的直角扣件，其开口要朝上，防止扣件螺栓损坏时水平杆脱落。

图 3–18　各杆件端头伸出扣件盖板

⑤各杆件端头伸出扣件盖板边缘的长度应不小于 100mm，如图 3–18 所示。

5）操作人员可根据自己使用的扳手长度，参照扣件螺栓要求的扭力矩，用测力计来校核自己的手劲感觉，反复练习，以便熟练掌握自己拧紧扣件螺栓的扭力矩大小，从而确保每个扣件都能达到安装要求。

6）每搭完 1 步脚手架后，应校正步距、纵距、横距及立杆的垂直度，符合要求时才能继续向上搭设。

7）对于外墙施工用脚手架，每搭完 1 步，应及时铺设脚手板；搭设普通支撑脚手架时，应给每个上架操作人员配备长度合适、重量较轻、强度好的脚手板，随身携带，使操作人员在搭设架体的过程中能站在脚手板上操作，以提高作业安全性。

8）在搭至有连墙件的构造点时，搭完该处立杆、纵向水平杆、横向水平杆后，应立即设置连墙件，将架体固定牢固后方可继续搭设。

9）临街搭设脚手架时，外侧应有防止坠物伤人的防护措施。

10）搭设脚手架时，地面应设围栏和警戒标志，并派专人看守，严禁非操作人员入内。

11）当有 6 级及 6 级以上大风和雾、雨、雪天气时，应停止脚手架搭设与拆除作业。雨、雪后上架作业应扫除积雪，并采取防滑措施。

2. 使用安全技术

（1）作业层上的施工荷载应符合设计要求，不得超载。不得在脚手架上集中堆放模板、钢筋等物件，不得将模板支架、缆风绳、输送混凝土的泵和砂浆的输送管等应固定在脚手架上，架体上严禁悬挂起重设备。

（2）在脚手架使用期间，严禁拆除主节点处的纵、横向水平杆及纵、横向扫地杆、连墙件、支撑杆件、栏杆及挡脚板。

（3）不得在脚手架基础及其邻近处进行挖掘作业，否则应采取安全措施，并报主管部门批准，如图 3-19 所示。

（4）在脚手架上进行电、气焊作业时，必须有防火措施和专人看守，防止焊渣引燃架体上的易燃物件造成火灾事故，如图 3-20 所示。

图 3-19　不得在脚手架基础及其
邻近处进行挖掘作业

图 3-20　防火措施

（5）脚手架与架空输电线路的安全距离、工地临时用电线路的架设及脚手架接地、避雷措施等，应按《施工现场临时用电安全技术规范》JGJ 46—2005 的有关规定执行，如图 3-21 所示。

图 3-21　脚手架接地标志

（6）应做好脚手架的防火工作，作业楼层的架体上应适量配备灭火器材。在架体显著位置应设置灭火器的分布位置图及安全通道位置图，以便在需要时操作人员能够快速找到并使用。

3. 拆除安全技术

（1）操作人员必须是专业架子工并持证上岗。

（2）作业人员必须戴安全帽、穿工作服、系好安全带、穿防滑软底鞋。

（3）拆除现场应设围栏和警戒标志，并派专人看守，严禁非操作人员入内。操作人员在警戒区内运送拆卸下的构配件时，应暂停拆卸脚手架，待警戒区内无任何人走动时，才能继续拆除作业。

（4）如架体附近有外电线路，应采取隔离措施，严防拆卸的杆件接触电线。

（5）在拆除过程中，不得中途换人。如需换人时，应将拆除情况交代清楚后方可离开。

3.2　落地碗扣式钢管脚手架

3.2.1　落地碗扣式钢管脚手架的构造及配件

落地碗扣式钢管脚手架如图 3－22 所示。

图 3－22　落地碗扣式钢管脚手架

1. 主要构造及作用

碗扣式钢管脚手架主要构造是碗扣接头。碗扣接头由上碗扣、下碗扣、限位销以及横杆接头所组成，如图 3－23 所示。碗扣式钢管脚手架主要构造及作用见表 3－5。

（a）实物图

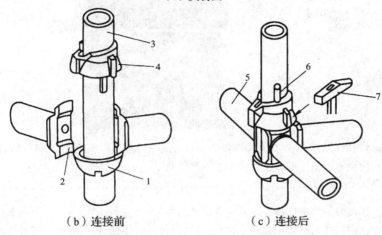

（b）连接前 （c）连接后

图 3-23 碗扣接头的构造图

1—下碗扣；2—横杆接头；3—立杆；4—上碗扣；5—横杆；6—限位销；7—锤子；8—流水槽

表 3-5 碗扣式钢管脚手架主要构造及作用

项目	内 容
主要零部件 结构形式	1. 立杆的长度有 1.8m、2.4m、3.0m 等几种规格，每根立杆上间隔 0.6m 安装一套碗扣接头。上、下碗扣内均有齿槽，可避免横杆接头滑动。下碗扣直接焊在立杆上，其底部留有流水槽，以免雨水积聚在碗扣内腐蚀接头材料 2. 上碗扣在立杆制作时就已套在立杆上，能够上下滑动和转动，但被固定的下碗扣挡住脱不出来。上碗扣的一面有一个缺口，当转动上碗扣使该缺口对准限位销时，上碗扣即可沿立杆向下滑动进入连接头范围内。上碗扣的上部从缺口开始呈上升螺旋面，用于向下锁紧碗扣接头。上碗扣的盖板上还有几处挡块，便于锤子的敲击 上碗扣　　　　　　　下碗扣

续表 3－5

项目	内 容
主要零部件结构形式	3．限位销焊在立杆碗扣接头的上方，接头连接前，可挡住上碗扣不使其自由落下，便于横杆接头的装拆；连接后，限位销抵住上碗扣，以免其松动。应严格控制限位销与下碗扣之间的距离，保证上、下碗扣的安装空间并能锁紧接头 4．横杆的两端焊接有横杆接头，接头端面呈圆弧形，正好同立杆圆弧面贴合，接头背面也有齿槽，安装在下碗扣中不易滑动
接头连接方式	连接时，将横杆接头的下半部分卡扣插入下碗扣的凹槽内，将上碗扣沿限位销滑下扣在横杆接头的上半部分卡扣上，按照顺时针方向旋转上碗扣（碗扣上部的螺旋面是逆时针方向上升），在限位销的作用下，上碗扣在旋转的过程中向下压紧并用锤子敲击上碗扣几下，上碗扣即被限位销顶紧，从立杆牢固地连在一起，形成框架结构。整个安装过程易于操作
接头受力状况	当横杆承受一个向下的力时，横杆节头上就有一个向下的剪力和弯矩，剪力通过下碗扣与立杆的焊缝传递到立杆上。弯矩使横杆节头的下半部卡扣产生一个压力顶在立杆上，同上半部卡扣产生一个反向压力作用在上碗扣上，欲将上碗扣向上顶起，由焊接在立杆上的限位销压紧上碗扣的上部来承受这个压力。当横杆受到一个扭矩时，通过横杆接头和上下碗扣内的啮合齿槽来传递此扭矩

2．主要杆配件及作用

碗扣式钢管脚手架是由碗扣接头及各种杆件组装而成的空间桁架结构。其主要杆配件按照用途可分为主要构件、辅助构件和专用构件三大类。

（1）主要构件。碗扣式钢管脚手架的主要构件共有6种类型、33种规格，而其中立杆、横杆、斜杆均采用 $\phi 48mm \times 3.5mm$ 直缝电焊钢管或者低压流体输送焊接钢管，可以与扣件式钢管脚手架通用。

1）立杆。立杆上每隔0.6m安装一套碗扣接头，顶端焊接有立杆连接管，便于立杆不断向上接长，如图3－24所示。连接管和立杆下部的顶端均有连接孔，接长时在连接孔内插入立杆连接销并锁定。立杆一般有4种规格，长度为1.2～3.0m。

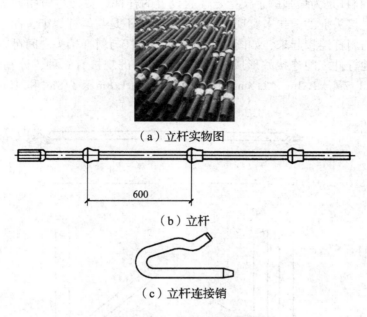

（a）立杆实物图

600

（b）立杆

（c）立杆连接销

图 3-24　立杆及连接销

2）专用立杆。专用立杆的顶端无立杆连接管，主要用于立杆不需要接长，且立杆步距有特殊要求的场合（立杆步距为 0.6m 的倍数时不能满足使用要求的情况）。

3）顶杆。顶杆有 3 种规格，长度分别为 0.9m、1.5m 和 2.1m。

4）横杆。横杆结构如图 3-25 所示。图中尺寸"A"是横杆安装后两端立杆的中心距，并非横杆的实际长度。横杆的规格有 12 种，常用的规格有 6 种，长度为 0.6~2.4m，其他规格的横杆主要用于一些特殊状况的架体，如曲线型双排脚手架，里、外排横杆长度不同且必须相配。

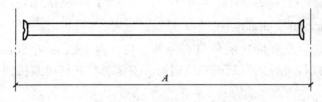

A

图 3-25　横杆结构图

5）单排横杆。单排横杆主要用于单排脚手架的横向水平杆件，只在其钢管的一端焊接有横杆接头，另一端带有活动夹板，通过夹板可将架体与墙体夹紧，如图 3-26 所示。

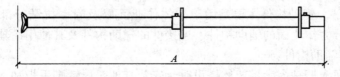

A

图 3-26　单排横杆结构图

6）斜杆。斜杆是为增强脚手架稳定性而设置的杆件。斜杆与碗扣接头的连接和横杆一样，都是通过接头上的卡扣来实现的，但斜杆接头不是与斜杆焊牢，而是通过一个铰接点将斜杆接头与斜杆连接起来，如图 3－27 所示。斜杆与斜杆接头之间可以转动 360°，以便于斜杆与其他杆件之间连接并形成各种角度。斜杆的规格有 6 种，分别适用于 0.9m×1.2m、1.2m×1.2m、1.2m×1.8m、1.5m×1.8m、1.8m×1.8m 和 18m×2.4m 的框架平面。

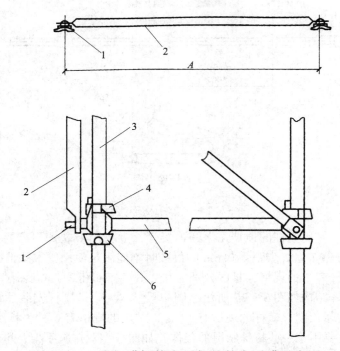

图 3－27　碗扣式钢管脚手架的基本形式示意图
1—斜杆接头；2—斜杆；3—立杆；4—上碗扣；5—横杆；6—下碗扣

7）底座。底座有以下两种形式：

①立杆固定底座：立杆固定底座只有一种规格，由 150mm×150mm×5mm 底板与连接杆焊接而成，连接杆可采用圆钢或螺纹钢筋，安装时，立杆可直接插在连接杆上，但其高度不可调节。

②立杆可调底座：立杆可调底座由 150mm×150mm×8mm 底板与螺杆焊接成，并配有带手柄的螺母。安装时，立杆直接插在螺母上，通过手柄转动螺母，可以调节立杆的安装高度。根据螺母的调节范围，立杆可调底座分为 0.3m 和 0.6m 两种规格。

（2）辅助构件。辅助构件主要是用于架体作业面以及附墙拉结等部位的杆部件。根据其用途又可以分为作业面的辅助构件、连接件的辅助构件及其他用途辅助构件。

1）作业面的辅助构件：

①间横杆。间横杆是为满足架体搭设时，安装其他普通钢脚手板和木脚手板的需要而设计的构件。间横杆由钢管两端焊接"U"形钢板制成，可搭设于主架横杆之间的任意部

位，用以减小支撑间距和支撑挑头脚手板（相当于扣件式钢管脚手架中的小横杆）。间横杆分为有挑梁和无挑梁两种规格，如图 3 - 28 所示。

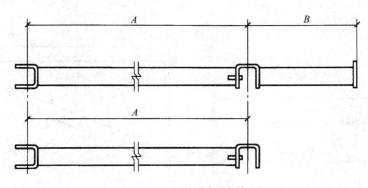

图 3 - 28 间横杆结构图
A—可搭设的横杆中心距；B—挑梁长度

②脚手板。脚手板是用于施工的通道和作业层等部位的工作台板。配套设计的脚手板由 2mm 厚钢板制成，宽度为 270mm，长度分别为 1.2m、1.5m、1.8m 和 2.4m 四种，其面板上冲有防滑孔，两端焊有挂钩，可牢靠地挂在横杆上，不会滑动，使用安全可靠。

③斜道板。斜道板用于搭设车辆及行人通行的栈道。斜道板只有一种规格，坡度为 1:3，由 2mm 厚钢板制成，宽度 B 为 540mm，长度 A 为 1897mm，上面焊有防滑条，如图 3 - 29 所示。

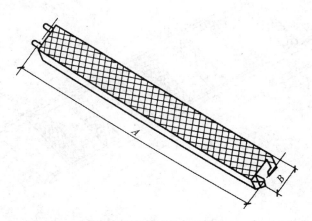

图 3 - 29 斜道板结构图

④挡脚板。挡脚板是为保证作业安全而设计的构件，在作业层外侧下口边缘连于相邻两立杆间，以防止作业人员踏出脚手架。挡脚板用 2mm 厚钢板或木板制成，宽度为 220mm，长度有 1.2m、1.5m 及 1.8m 三种规格，分别适用于 1.2m、1.5m 和 1.8m 的立杆间距。

⑤挑梁。挑梁是为扩展作业面施工平台而设计的构件，有窄挑梁和宽挑梁两种规格，如图 3 - 30 所示。窄挑梁由一端焊有横杆接头的钢管制成，悬挑宽度为 0.3m，可在需要位置与碗扣接头连接。宽挑梁由水平杆、斜杆、垂直杆组成，悬挑宽度为 0.6m，也是用碗扣接头同脚手架连成一整体，其外侧垂直杆上可再接立杆，形成封闭的工作平台。

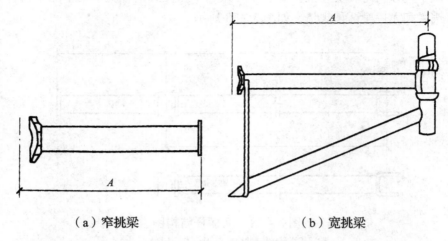

（a）窄挑梁　　　　　　（b）宽挑梁

图 3 – 30　挑梁结构图

⑥架梯。架梯是用于作业人员上下脚手架的通道，由普通钢板网焊在槽钢上制成，如图 3 – 31 所示。架梯两端有挂钩，可牢固地挂在横杆上，其长度 A 为 2546mm，宽度 B 为 530mm，可在 1.8m×1.8m 框架内架设。对于普通 1.2m 廊道宽的脚手架刚好装两组，呈折线上升，并可用斜杆、横杆作栏杆扶手，使用安全。

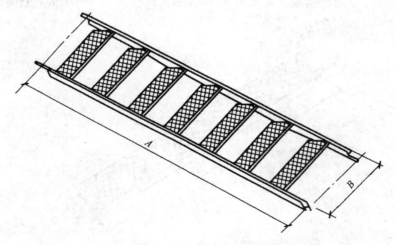

图 3 – 31　架梯结构图

2）用于连接的辅助构件：

①立杆连接销。立杆连接销是立杆之间连接的锁定零件，为弹簧钢锁扣结构，由 ϕ10mm 弹簧钢筋制成，有自定位锁定卡口。

②直角撑。直角撑是为连接两个垂直方向的脚手架而设计的构件，由 ϕ8mm×3.5mm 钢管一端焊接横杆接头，另一端焊接"U"形卡制成，如图 3 – 32 所示。连接时，横杆接头的卡扣安装在同一碗扣节头内，另一端"U"形卡在相垂直的脚手架横杆上，使两个架体连成整体，可增强架体的整体稳定性。

③连墙件。连墙件是使脚手架与建筑物墙体结构牢固连接的构件，可加强脚手架抵御风荷载及其他水平荷载的能力，防止脚手架倒塌且增强架体的整体稳定性。连墙件采用螺杆焊接而成，其长度调节范围为 0~210mm。为便于施工，分别设计了如图 3-33 所示的两种形式的连墙件。连墙件可直接用碗扣接头同脚手架连在一起，受力性能好。

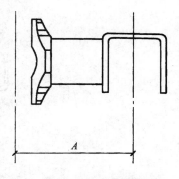

图 3-32　直角撑结构图

④高层卸荷拉结杆。高层卸荷拉结杆是高层脚手架卸荷专用构件，由预埋件、拉杆、索具螺旋扣、管卡等组成，如图 3-34 所示。其一端用预埋件固定在建筑物上，另一端用 $\phi50$mm 的管卡与脚手架立杆连接，通过调节中间的索具螺旋扣，将拉结杆收紧，使脚手架的垂直荷载直接传递到建筑物上，达到卸荷目的。索具螺旋扣采用 M20 花篮螺栓，拉杆用 $\phi16$mm 圆钢制作，其基本规格长度为 2.1m，可根据施工需要单独制作。

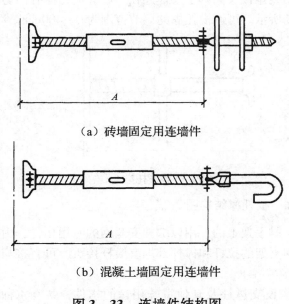

（a）砖墙固定用连墙件

（b）混凝土墙固定用连墙件

图 3-33　连墙件结构图

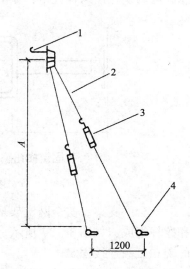

图 3-34　碗扣式钢管脚手架高层卸荷拉杆构造示意图

1—预埋件；2—拉杆；
3—索具螺旋扣；4—管卡

3）其他用途的辅助构件：

①立杆托撑。立杆托撑是插入立杆上端，用作支撑架顶托的构件，其上端是"U"形钢板，可以安放木方条或型钢等支撑横梁。立杆托撑分为立杆固定托撑和立杆可调托撑两种规格，如图 3-35 所示。立杆可调托撑按其调节高度又分为 300mm、400mm 和 600mm 三种规格。

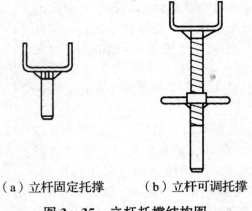

（a）立杆固定托撑　　（b）立杆可调托撑

图 3 – 35　立杆托撑结构图

②横托撑。横托撑是当架体承受重载时的侧向支撑构件，用 $\phi48mm \times 3.5mm$ 钢管焊接横杆接头，并装配托撑组成，可直接用碗扣接头同脚手架体连在一起。横托撑有固定横托撑和可调横托撑两种规格，如图 3 – 36 所示。可调横托撑的调节范围为 0 ~ 400mm。

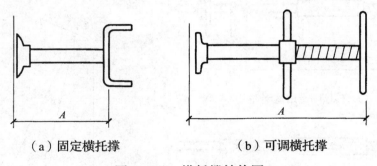

（a）固定横托撑　　　　　　（b）可调横托撑

图 3 – 36　横托撑结构图

③安全网支架。安全网支架是固定于脚手架上的，用以绑扎安全网的专用构件，由拉杆和撑杆组成，如图 3 – 37 所示。安全网支架的拉杆和撑杆都焊有横杆接头，可直接与架体的碗扣接头连接固定。

（3）专用构件。专用构件主要用于搭设支撑柱及其他特殊用途的构件，共有 4 种类型、6 种规格。

1）支撑柱专用构件。支撑柱专用构件包括支撑柱垫座、支撑柱转角座和支撑柱可调座三种专用构件。

①支撑柱垫座。支撑柱垫座安装于支撑柱底部，是均匀传递其荷载的垫座，如图 3 – 38 所示。支撑柱垫座由底板、筋板和焊于底板上的四个柱销制成，可同时插入支撑柱的 4 根立杆内，并与 0.3m 长的横杆和立杆连接成支撑柱，作为承重构件单独使用组成支撑柱群。

②支撑柱转角座。支撑柱转角座的作用与支撑柱垫座相同但可以转动，使支撑柱可用作垂直方向和斜向支撑，其可调偏为 ±10°，如图 3 – 39 所示。

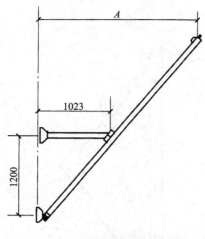

图 3－37　安全网支架结构图

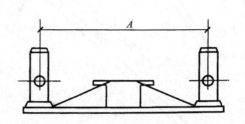

图 3－38　支撑柱垫座结构图

③支撑柱可调座。支撑柱可调座由底座、螺杆、支座和调节螺母组成；安装于底部，作用同支撑柱垫座，但高度可调，可调范围为 0～300mm；安装于顶部，即为可调托撑，同立杆可调托撑不同的是它作为一个配件需要同时插入支撑柱 4 根立杆内，使支撑柱成为一个整体空间桁架。支撑柱可调座结构如图 3－40 所示。

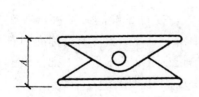

图 3－39　支撑柱转角座结构图

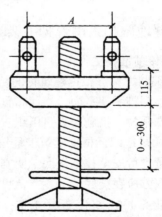

图 3－40　支撑柱可调座结构图

2）提升滑轮。提升滑轮是为提升小物料而设计的构件，与宽挑梁配套使用，由吊柱、吊架和滑轮等组成。使用时，将吊柱直接插入宽挑梁悬挑立杆下端的固定孔内，并用销钉固定。

3）悬挑架。悬挑架是为悬挑脚手架专门设计的一种配件；由挑杆和撑杆组成，如图 3－41 所示。挑杆和撑杆用碗扣接头固定在楼内支承脚手架上，可直接在其上搭设脚手架，不需要预埋件，挑出脚手架宽度 A 为 0.9m。

4）升降挑梁。升降挑梁是为搭设升降脚手架而设计的一种专用配件，可用它作依托，在其上搭设悬空脚手架，并随建筑物升高而爬升。升降挑梁由钢管、挂销、可调底座等组成，如图 3－42 所示，爬升脚手架宽度 A 为 0.9m。

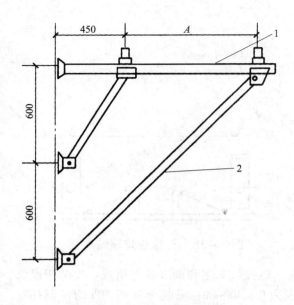

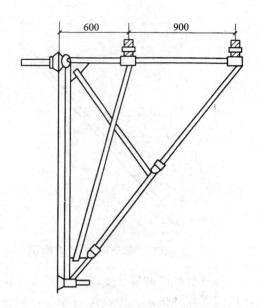

图 3 − 41　悬挑架结构图　　　　　图 3 − 42　升降挑梁结构图
1—挑杆；2—撑杆

3.2.2　落地碗扣式钢管脚手架的搭设

1.　搭设前准备工作

（1）编制方案。根据建筑物的结构情况，编制脚手架施工组织设计，计算架体的使用荷载，绘制脚手架平面、立面布置图，列出构件用量表，制定构件供应和周转计划，并提出专项安全技术措施及人员组织。

（2）人员组织。根据建筑工程情况和进度要求，安排足够的人员进行搭设工作。组织搭设人员进行安全技术交底，明确架体搭设的要求、主要参数、质量标准和安全技术措施，交底双方应在交底单上签字认可。应给每个搭设小组准备水平尺 1 把，线锤 1 个，架子工每人准备 400 ~ 500g 锤子 1 把，以备安装搭设过程中使用。

（3）杆配件检验。同材料供应部门和质检部门根据施工组织设计的要求，对所有杆配件进行检查与验收，经检验合格的杆配件应按品种规格分类堆放整齐、平稳，堆放场地应排水透气良好。

（4）现场清理。清除组架范围内的杂物并平整场地，根据地基的状况和架体承载力要求，采取相应的地基处理措施，做好排水处理。

2.　脚手架搭设顺序

碗扣式钢管脚手架的搭设顺序为：

基础准备→放线、定位→安放底座垫块→安放立杆底座或可调底座→竖立杆→安装扫地杆→安装第一层横杆→安装斜杆→碗扣接头锁紧→铺设脚手板→安装上层立杆→立杆连接→安装第二层横杆→设置连墙件→设置剪刀撑→挂设安全网→作业层外侧搭设护栏和挡脚板。

3．搭设要求

（1）竖立杆。立杆的长度有四种规格，在设置架体底层时，为避免立杆接头处于同一水平面上，应采用1.8m和3m两种不同长度的立杆相互交错、参差布置，如图3－43所示。向上接长均采用3m立杆（或同一层采用一种规格的立杆），到架体顶部再分别采用1.8m、3m或1.2m规格的立杆找平。

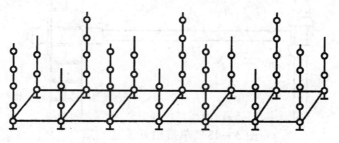

图3－43　立杆交错布置

在地势不平的地基上，或高层及重载脚手架应采用立杆可调底座，以便调整立杆的高度。当相邻立杆地基高差小于0.6m，可直接用立杆可调座调整立杆高度，使立杆碗扣接头处于同一水平面内；当相邻立杆地基高差大于0.6m时，则先调整立杆节间（即对于高差超过0.6m的地基，立杆相应增长一个节间0.6m），使同一层碗扣接头高差小于0.6m，再用立杆可调座调整高度，使其处于同一水平面内，如图3－44所示。

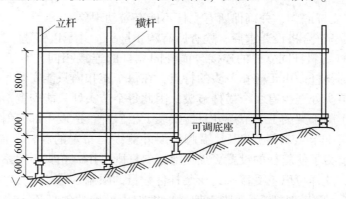

图3－44　地基不平时立杆及其底座的设置

（2）安放扫地杆　在竖立杆时应及时设置扫地杆，将所竖立杆连成一个整体，以保证立杆的整体稳定性。立杆同横杆的连接靠碗扣接头锁定，连接时，先将立杆上碗扣滑至限位销以上并旋转，使其搁在限位销上，将横杆接头插入立杆下碗扣，待横杆接头全部装好后，落下上碗扣并顺时针旋转锁紧。

（3）安装底层横杆　横杆的长度规格有很多种，可以根据建筑结构及作用在脚架上荷载的大小等具体要求选用：一般重荷载作业的架体采用0.9m和1.2m；砌墙、支模等工程采用1.5m和1.8m；荷载较轻装修和维护作业施工采用2.4m。通常采用1.2m、1.5m、1.8m、2.4m这四种规格的横杆作为架体纵距，因为这几种纵距的组合有相应配套的定型斜杆可用。

单排碗扣式脚手架的单排横杆一端焊有横杆接头，可用碗扣接头与脚手架连接固定，另一端带有活动夹板，将横杆与建筑结构整体夹紧。其构造如图 3-45 所示。

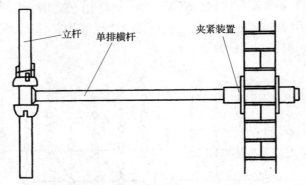

图 3-45　单排横杆设置构造

碗扣式钢管脚手架的底层组架最为关键，其组装的质量直接影响到整架的质量，因此，要严格控制搭设质量。当安装完第一步横杆后，应进行下列检查：

1）检查并调整水平框架（同水平面上的四根横杆）的直角角度和纵向直线度（对曲线布置的脚手架应保证立杆位置正确）。

2）检查横杆的水平度，并通过调整立杆可调座使横杆间的水平偏差小于 $L/400$，其中 L 为脚手架支座跨度。

3）逐个检查立杆底脚，并确保所有立杆不能有松动现象。

4）当底层架子符合搭设要求后，检查所有碗扣接头，并予以锁紧。

（4）搭设斜杆。斜杆同立杆的连接与横杆同立杆的连接相同，对于不同尺寸的框架应配备相应长度的斜杆。由于碗扣节头的特点，在每个碗扣内只能安装 4 个节头卡扣。一般情况下，碗扣节头处至少有 3 个横杆节头，因此每个节头处只能安置 1 个斜杆节头的卡扣，这样就决定了脚手架的 1 个节点处只能安装 1 根斜杆，造成一部分斜杆不能设在脚手架的中心节点处（非节点斜杆），以及沿脚手架外侧纵向布置的斜杆不能连成一条直线，如图 3-46 所示。为了使斜杆的设置更加灵活，斜杆既可用碗扣脚手架系列斜杆，也可用钢管和扣件代替，这样可以不受接头内所装杆件数量的限制。

1）横向斜杆（廊道斜杆）。在脚手架横向框架内设置的斜杆称为横向斜杆。由于横向框架失稳是脚手架的主要破坏形式，所以，设置横向斜杆对于提高脚手架的稳定强度尤为重要。

对于一字形及开口形脚手架，应在两端横向框架内沿全高连续设置节点通道斜杆；对于 30m 以下的脚手架，中间可小设通道斜杆；对于 30m 以上的脚手架，中间应每隔 5~6 跨设置一道通道斜杆；对于高层和重载脚手架，除按上述构造要求设置通道斜杆外，当横向平面框架所承受的总荷载达到或超过 25kN 时，该框架应增设横向斜杆。

当用碗扣式斜杆设置横向斜杆时，在脚手架的两端框架可设置节点斜杆，如图 3-47（a）所示；中间框架只能设置成非节点斜杆，如图 3-47（b）所示。

当设置高层卸荷拉结杆时，必须在拉结点以上第一层加设横向水平斜杆，防止水平框架变形。

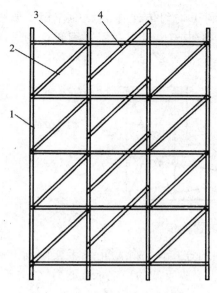

图 3 – 46　斜杆布置结构图

1—立杆；2—节点斜杆；

3—横杆；4—非节点斜杆

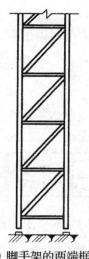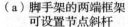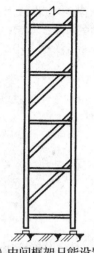

（a）脚手架的两端框架　　（b）中间框架只能设置
可设置节点斜杆　　　　　　成非节点斜杆

图 3 – 47　横向斜杆的设置

2）纵向斜杆。在脚手架的拐角边缘及端部必须设置纵向斜杆，中间可均匀地间隔布置。纵向斜杆应尽量布置在框节点上，且两侧对称布置。脚手架中设置纵向斜杆的面积与整个架子面积的比值要求见表 3 – 6。

表 3 – 6　纵向斜杆面积与整体架子面积比值

架高	<30m	30～50m	>50m
设置要求	>1/4	>1/3	>1/2

（5）剪刀撑的设置。剪刀撑应采用钢管和扣件搭设，这样既可减少碗扣式斜杆的用量，又能使脚手架的受力性能得到改善。架体侧面的竖向剪刀撑，对于增强架体的整体性具有重要的意义。

竖向剪刀撑的设置应与碗扣式纵向斜杆的设置相配合，高度在 30m 以下的脚手架，一般可每隔 4～6 跨设置一组沿全高连续搭设的剪刀撑，每道剪刀撑跨越 5～7 根立杆，设剪刀撑的跨内不再设碗扣式斜杆；高度在 30m 以上的高层脚手架，应沿脚手架外侧以及全高方向连续设置，两组剪刀撑之间用碗扣式斜杆，其设置构造如图 3 – 48 所示。

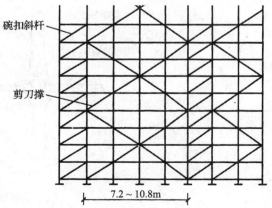

图 3 – 48　竖向剪刀撑设置构造图

纵向水平剪刀撑可增强水平框架的整体性，有利于均匀传递连墙撑的作用，如图 3－49 所示。对于 30m 以上的高层脚手架，应每隔 3～5 步架体设置一层连续闭合的纵向水平剪刀撑。

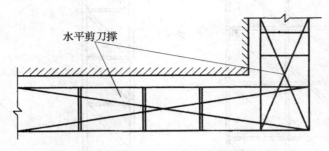

图 3－49　纵向水平剪刀撑布置构造图

（6）设置连墙件。连墙撑是脚手架与建筑物之间的连接件，除防止脚手架倾倒，承受偏心荷载和水平荷载作用外，还可加强稳定约束、提高脚手架的稳定承载能力。

1）连墙件构造：

①砖墙缝固定法：砌筑砖墙时，预先在砖缝内埋入螺栓然后将脚手架框架用连接杆与其相连，如图 3－50(a) 所示。

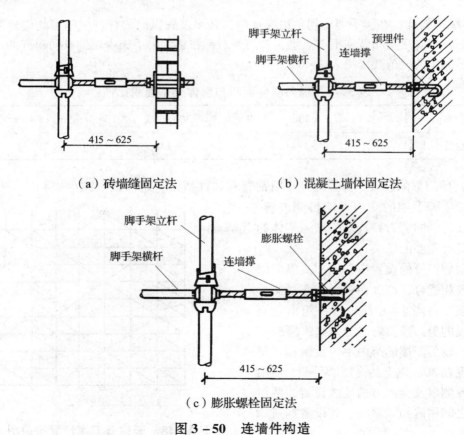

（a）砖墙缝固定法　　　　（b）混凝土墙体固定法

（c）膨胀螺栓固定法

图 3－50　连墙件构造

②混凝土墙体固定法：按脚手架施工方案的要求，预先埋入钢件，外带接头螺栓，脚手架搭到此高度时，将脚手架框架与接头螺栓固定，如图 3-50（b）所示。

③膨胀螺栓固定法：在结构物上，按设计位置用射枪射入膨胀螺栓，然后将框架与膨胀螺栓固定，如图 3-50（c）所示。

2）连墙件设置要求：

①连墙件必须随脚手架的升高，在规定的位置上及时设置，不得在脚手架搭设完后补安装，也不得任意拆除。

②一般情况下，对于高度在 30m 以下的脚手架，连墙件可按四跨三步设置一个（约为 40m）。对于高层及重载脚手架，要适当加密，50m 以下的脚手架至少应三跨三步布置一个（约为 25m）；50m 以上的脚手架至少应三跨二步布置一个（约为 20m）。

③单排脚手架要求在二跨三步范围内设置一个。

④连墙件应设置在建筑物的每一楼层。

⑤连墙件的布置应尽量采用梅花形布置，相邻两点的垂直间距不大于 4.0m，水平距离不大于 4.5m。

⑥凡设置宽挑梁、提升滑轮、高层卸荷拉结杆及物料提升架的地方均应增设连墙件。

（7）斜道板和人行架梯安装。

1）斜道板安装。作为人行或小车推行的栈道，一般规定在 1.8m 跨距的脚手架上使用，坡度为 1:3，在斜道板框架两侧设置横杆和斜杆作为扶手和护栏，而在斜脚手板的挂钩点（图 3-51 中 A、B、C 处）应增设横杆。其布置如图 3-51 所示。

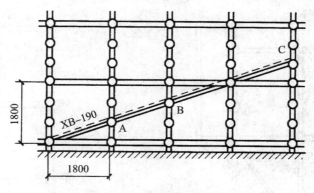

图 3-51 斜道板安装

2）人行架梯安装。人行架梯设在 1.8m×1.8m 的框架内，上面有挂钩，可以直接挂在横杆上。架梯宽为 540mm，一般在 1.2m 宽的脚手架内布置两个成折线形架设上升，在脚手架靠梯子一侧安装斜杆和横杆作为扶手。人行架梯转角处的水平框架应当铺设脚手板作为平台，立面框架上安装横杆作为扶手，如图 3-52 所示。

（8）搭设挑梁。挑梁设置在某些建筑物有凹进或凸出时的作业面处，如图 3-53 所示。挑梁一般只作为作业人员的工作平台，不允许堆放重物。窄挑梁上可铺设一块脚手板；宽挑梁上可铺设两块脚手架，其外侧立柱可用立杆接长，以便装防护栏杆。在设置挑梁的上、下两层框架的横杆层上要加设连墙件，并增加通道斜杆。

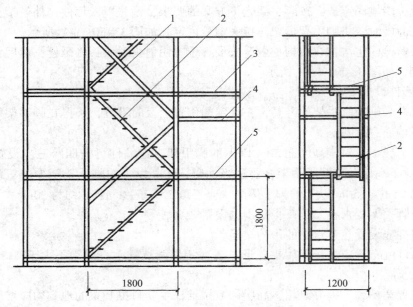

图 3－52　架梯设置图

1—扶手斜杆；2—架梯；3—横杆；4—扶手横杆；5—脚手板

　　当脚手架设置人行架梯的条件受到限制时，把窄挑梁连续设置在同一立杆内侧每个碗扣接头内，可组成简易爬梯。爬梯步距为 0.6m，其构造如图 3－54 所示。

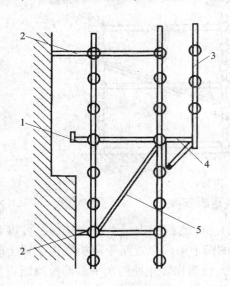

图 3－53　挑梁设置图

1—窄挑梁；2—连墙件；3—立杆；
4—宽挑梁；5—斜杆

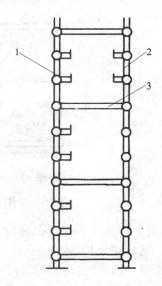

图 3－54　简易爬梯结构图

1—窄挑梁；2—立杆；
3—横杆

　　（9）搭设提升滑轮。随着建筑物的升高，当人工递料不太方便时，可采用物料提升滑轮来提升小物料及脚手架物件，其提升重物应不超过 1kN。提升滑轮要与宽挑梁配套使用，安装时，在架体外侧设置一组悬挑宽挑梁，将滑轮插入宽挑梁垂直杆下端的固定孔中，并用销钉锁定即可，其构造如图 3 - 55 所示。为了平衡提升物件在脚手架上产生的外倾力矩，应在设置提升滑轮相应层的横杆节头处加设连墙件。

（10）搭设安全网支架。在脚手架底部和层间设置水平安全网时可使用安全网支架。安全网支架可直接用碗扣接头固定在脚手架上，其结构布置如图 3 - 56 所示。同样，在安全网支架设置的位置，应加设连墙件和斜杆。

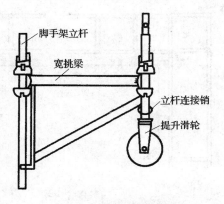

图 3 - 55　提升滑轮布置构造

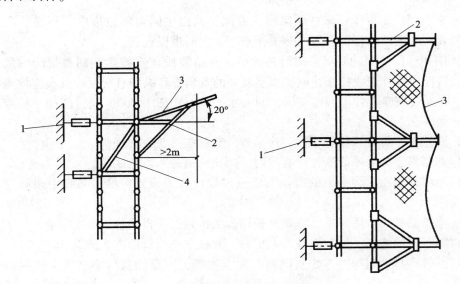

图 3 - 56　安全网支架设置图

1—连墙件；2—安全网支架；3—安全网；4—斜杆

（11）直角交叉。对一般方形建筑物的外脚手架在拐角处两直角交叉的排架要连在一起，以增强脚手架的整体稳定性。连接形式有两种：

1）直接拼接法：即当两排脚手架刚好整框垂直相交时，可直接将两垂直方向的横杆连接在同一碗扣接头内，将两排脚手架连在一起，构造如图 3 - 57（a）所示。

2）直角撑搭接法：当受建筑物尺寸限制，两垂直方向脚手架非整框垂直相交时，可用直角撑实现任意部位的直角交叉。

连接时将一端同脚手架横杆装在同一接头内，另一端卡在相垂直的脚手架横杆上，如图 3 - 57（b）所示。

4. 落地碗扣式钢管脚手架搭设注意事项

（1）脚手架组装以 3 ~ 4 人为一小组为宜，其中 1 ~ 2 人递料，另外 2 人共同配合组装，每人负责一端。

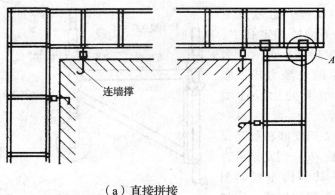

（a）直接拼接

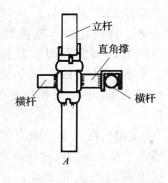

（b）直角撑搭接

图 3-57　直角交叉构造

（2）在组装时，要求至多两层向同一方向，或由中间向两边推进，不得从两边向中间合拢组装，否则中间杆件会因两侧架子刚度太大而难以安装。

（3）碗扣式脚手架的底层组架最为关键，其组装质量直接影响到整架的质量。当组装完两层横杆后，首先应检查并调整水平框架的直角度和纵向直线度。其次应检查横杆的水平度，并通过调整立杆可调座使横杆间的水平偏差小于 $L/400$，同时应逐个检查立杆底脚，并确保所有立杆不浮地松动。

（4）底层架子符合搭设要求后，应检查所有碗扣接头，并锁紧。

（5）在搭设、拆除或改变作业程序时，禁止人员进入危险区域。

（6）连墙撑应随着脚手架的搭设而随时在设计位置设置，尽量与脚手架和建筑物外表面垂直。

（7）单排横杆插入墙体后，应将夹板用榔头击紧，不得浮放。

（8）脚手架的施工、使用应设专人负责，并设安全监督检查人员。

（9）不得将脚手架构件等物从过高的地方抛掷，不得随意拆除已投入使用的脚手架构件。

（10）在使用过程中，应定期对脚手架进行检查，严禁乱堆乱放，应及时清理各层堆积的杂物。

（11）脚手架应随建筑物升高而随时设置，一般不应超出建筑物两步架。碗扣式钢管脚手架的搭设过程中为了保证安全，要不时地对脚手架进行检查。

5. 落地碗扣式钢管脚手架搭设检查、验收与使用管理

（1）检查时间。

1）每搭设 10m 高度。

2）达到设计高度时。

3）当遇有 6 级及以上大风、大雨、大雪之后。

4）停工超过一个月，恢复使用前。

（2）检验主要内容。

1）基础是否有不均匀沉降。

2）立杆垫座与基础面是否接触良好，有无松动或脱离现象。

3）检验全部节点的上碗扣是否锁紧。

4）连墙撑、斜杆和安全网等构件的设置是否达到设计要求。

5）荷载是否超过规定。

6）整架垂直度是否小于（1/500）L 和 100mm，横杆水平度是否小于（1/400）L，纵向直线度是否小于（1/200）L。

（3）使用管理。

1）脚手架的施工和使用应设有专人负责，并设安全监督检查人员。

2）在使用过程中，应定期对脚手架进行检查，严禁乱堆乱放，应及时清理各层堆积的杂物。

3）不得随意拆除已投入使用的脚手架构件，不得将脚手架构件从过高的地方抛掷。

3.2.3 落地碗扣式钢管脚手架的拆除

1. 拆除工作特点

（1）组装式搭设是碗扣式钢管脚手架结构的特点之一，其最大单件重量要小于扣件式钢管脚手架，因此，其架体拆除的劳动强度和难度都要小于扣件式钢管脚手架。

（2）碗扣式钢管脚手架一般用于模板支撑脚手架和平台的搭设，因此，除了一些大型立交桥或水塔、烟囱施工中搭设的架体比较高以外，多数架体拆除时的高度不是太高，但仍为高空作业，人员、物品坠落的可能性仍然很大。

（3）作为模板支撑的脚手架，为了确保模板拆除时的操作安全，脚手架的拆除工作与施工模板的拆除应同步进行。

2. 拆除前的准备工作

脚手架拆除作业的危险性大于搭设作业，在进行拆除工作之前，必须做好准备工作：

（1）当工程施工完成后，必须经单位工程负责人检查验证，确认脚手架不再需要后，方可拆除。脚手架拆除必须由施工现场技术负责人下达正式通知。

（2）脚手架拆除应制订拆除方案，并向操作人员进行技术交底。

（3）全面检查脚手架是否安全。对扣件式脚手架应检查脚手架的扣件连接、连墙件、支撑体系是否符合构造要求。

（4）拆除前应清除脚手架上的材料、工具和杂物，清理地面障碍物。

（5）制订详细的拆除程序。

3. 脚手架拆除顺序

脚手架的拆除顺序与搭设顺序相反，后搭的先拆，先搭的后拆。碗扣式钢管脚手架的拆除顺序为：

拆除外围悬挂安全网→拆除顶部支撑杆→拆除工作层脚手板→拆除顶层横杆→拆除顶层立杆及斜杆→拆除剪刀撑→拆除横杆→拆除斜杆→拆除立杆→拆除底部杆件及底座。

4. 脚手架拆除工作要点

（1）脚手架拆除应自上而下逐层进行，严禁上、下同时作业。

（2）连墙件必须随脚手架逐层拆除，严禁先将连墙件整层或数层拆除后，再拆脚手架杆件。

（3）如部分脚手架需要保留而采取分段、分立面拆除时，对不拆除部分脚手架的两端必须设置连墙件和横向斜撑。连墙件垂直距离不大于建筑物的层高，并不大于2步架高（4m）。横向斜撑应自底至顶层呈之字形连续布置。

（4）当脚手架拆至下部最后一根立杆高度（约6.5m）时，应在适当位置先搭设临时抛撑加固后，再拆除连墙件。

（5）拆除立杆时，把稳上部，再松开下端的联结，然后取下。

（6）拆除水平杆时，松开联结后，水平托举取下。

（7）脚手架分段拆除高差不应大于2步架高，如高差大于2步架高，应增设连墙件加固。

（8）严禁将拆卸下来的杆配件及材料从高空向地面抛掷，已吊运至地面的材料应及时运出拆除现场，以保持作业区整洁。

（9）拆下的脚手架杆、配件，应及时检验、整修和保养，并按品种、规格、分类堆放，以便运输保管。

3.3 门式钢管脚手架

3.3.1 门式钢管脚手架的构造及配件

门式钢管脚手架是由门式框架（门架）、交叉支撑（十字拉杆）、连接棒、挂扣式脚手板或水平架（平行架、平架）、锁臂等组成基本结构，如图3-58所示。再设置水平加固杆、剪刀撑、扫地杆、封口杆、托座与底座，并采用连墙件与建筑物主体结构相连的一种标准化钢管脚手架，如图3-59所示。

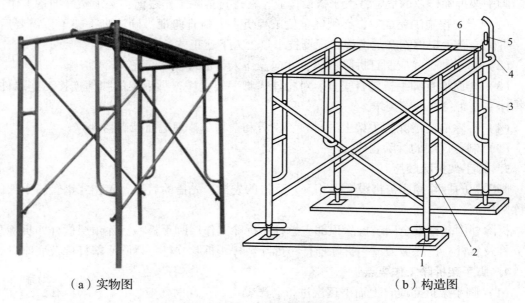

（a）实物图   （b）构造图

图3-58 门式钢管脚手架

1—可调底座；2—门型架；3—交叉支撑；4—锁臂；5—连接棒；6—水平架

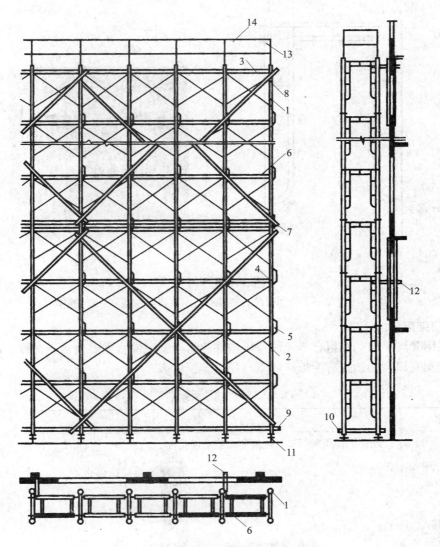

图 3 - 59 门式钢管脚手架的组成

1—门架；2—交叉支撑；3—脚手板；4—连接棒；5—锁臂；6—水平架；7—水平加固杆；
8—剪刀撑；9—扫地杆；10—封口杆；11—底座；12—连墙体；13—栏杆；14—扶手

　　门架之间的连接，在垂直方向使用连接棒和锁臂接高，在脚手架纵向使用交叉支撑连接门架立杆，在架顶水平面使用水平架或挂扣式脚手板。这些基本单元相互连接，逐层叠高，左右伸展，再设置水平加固件、剪刀撑及连墙件等，便构成整体门式脚手架。

　　门式钢管脚手架的主要杆配件有如下几种。

1. 门架

　　门架是门式钢管脚手架的主要构件，由立杆、横杆以及加强杆焊接组成，如图 3 - 60 所示。

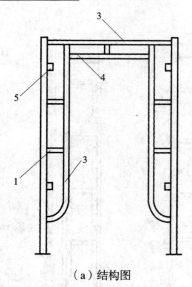
（a）结构图

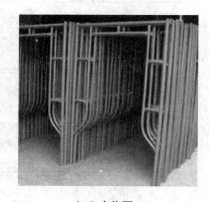
（b）实物图

图3-60　门架

1—立杆；2—立杆加强杆；3—横杆；4—横杆加强杆；5—锁销

2. 门架配件

门式钢管脚手架基本组合单元的专用构件称为门架配件，主要包括连接棒、锁臂、水平架、交叉支撑、挂扣式脚手板、底座与托座等，见表3-7。

表3-7　门架配件

名称	图示及说明
连接棒	连接棒是用来门架立杆竖向组装的连接件
锁臂	锁臂是用于门架立杆组装接头处的连接件
水平架	水平架是在脚手架非作业层上代替脚手板而挂扣在门架横杆上的水平框架。它由横杆、短杆以及搭钩焊接而成，架端有卡扣，可同门架横杆自锚连接

续表 3 – 7

名称	图示及说明
交叉支撑	交叉支撑是每两榀门架纵向连接的交叉拉杆，两根交叉杆件可绕中间联接螺栓转动，并且杆的两端有销孔
挂扣式钢脚手板	挂扣式钢脚手板是挂扣在门架横杆上的专用脚手板
固定底座	固定底座由底板与套管两部分焊接而成，底步门架立杆下端插放其中，扩大了立杆的底脚
可调底座	可调底座由螺杆、调节扳手以及底板组成。它的作用是固定底座，并且能够调节脚手架立杆的高度和脚手架整体的水平度、垂直度
托座	托座有平板和 U 形两种，置于门架竖杆的上端，多带有丝杠以调节高度，主要用于支模架

续表 3 –7

名称	图示及说明
梯子	梯子为设有踏步的斜梯，分别扣挂在上下两层门架的横梁上 
扣墙器和扣墙管	扣墙器和扣墙管都是确保脚手架整体稳定的拉结件。扣墙器为花篮螺栓构造，一端带有扣件与门架竖管扣紧，另一端有螺杆锚入墙中，旋紧花篮螺栓，即可把扣墙管拉紧。扣墙管为管式构造，一端的扣环与门架拉紧，另一端为埋墙螺栓或夹墙螺栓，锚入或夹紧墙壁
托架	托架分为定长臂和伸缩臂两种形式，可伸出宽度为 0.5 ~ 1.0m，以适应脚手架距墙面较远时的需要
小桁架（栈桥梁）	小桁架（栈桥梁）用来构成通道
连接扣件	连接扣件亦分三种类型：回转扣、直角扣和筒扣，每一种类型又有不同规格，以适应相同管径或不同管径杆件之间的连接

3.3.2 门式钢管脚手架的搭设

1. 搭设前施工准备

（1）脚手架搭设前，工程技术负责人应根据搭设门式钢管脚手架的技术规范和施工组织设计要求，向搭设和使用人员做技术和安全作业交底；搭架人员要认真学习有关技术要求及安全操作要求。

（2）对搭设的门架、配件、加固件等应按规范要求进行检查和验收，严禁使用任何不合格的搭架材料。

（3）搭设脚手架的场地必须平整坚实，并挖好排水沟。回填土地面必须分层回填、逐层夯实。场地清理、平整后，按搭设方案在地面上画出门架立杆位置线。

（4）当脚手架搭设在结构楼面或挑台上时，立杆底座下应铺设垫板或混凝土垫块，并应对楼面或挑台等结构进行承载力验算。

2. 脚手架搭设程序

门式钢管脚手架的搭设应自一端延伸向另一端，由下而上按步架设，并逐层改变搭设方向，以减少架设误差。不得自两端同时向中间进行或相向搭设，以避免接合部位错位，难于连接。

一般门式钢管脚手架的搭设顺序为：

铺设垫木（板）→拉线、安放底座→自一端起立门架并随即装交叉支撑（底步架还需安装扫地杆、封口杆）→安装水平架（或脚手板）→安装钢梯→（需要时，安装水平加固杆）→装设连墙杆→照上述步骤逐层向上安装→按规定位置安装剪刀撑→安装顶部栏杆→挂立杆安全网。

脚手架的搭设速度应与建筑结构施工进度相配合，一次搭设高度不应超过最上层连墙杆三步，或自由高度不大于6m，以保证脚手架的稳定。

3. 脚手架的搭设

（1）铺设垫木（板）、安放底座。脚手架的基底必须平整坚实，并做好排水，确保地基有足够的承载能力，在脚手架荷载作用下不发生塌陷和显著的不均匀沉降。回填土地面必须分层回填，逐层夯实。

门架立杆下垫木的铺设方式：当垫木长度为 1.6 ~ 2.0m 时，垫木宜垂直于墙面方向横铺；当垫木长度为 4.0m 时，垫木宜平行于墙面方向顺铺。

（2）立门架、安装交叉支撑、安装水平架或脚手板。在脚手架的一端将第一榀和第二榀门架立在底座上后，纵向立即用交叉支撑连接两榀门架的立杆，门架的内外两侧安装交叉支撑，在顶部水平面上安装水平架或挂扣式脚手板，搭成门式钢管脚手架的一个基本结构。以后每安装一榀门架，应及时安装交叉支撑、水平架或脚手板，依次按此步骤沿纵向逐跨安装搭设。在搭设第二层门架时，人可以站在第一层脚手板上进行操作，直至最后完成。

1）门架。不同规格的门架不得混用；同一脚手架工程，不配套的门架与配件也不得混合使用。门架立杆离墙面的净距不宜大于150mm；大于150mm 时，应采取内挑架板或其他防护的安全措施。不用三脚架时，门架的里立杆边缘距墙面约 50 ~ 60mm，如图3 - 61（a）所示；用三脚架时，门架里立杆距墙面 550 ~ 600mm，如图 3 - 61（b）所示。底步门架的立杆下端应设置固定底座或可调底座。

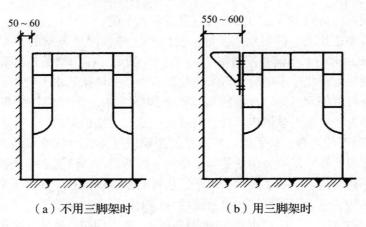

（a）不用三脚架时 　　（b）用三脚架时

图 3 - 61　门架里立杆的离墙距离

2）交叉支撑。门架的内外两侧均应设置交叉支撑，其尺寸应与门架间距相匹配，并应与门架立杆上的锁销销牢。

3）水平架。在脚手架的顶层门架上部、连墙件设置层、防护棚设置层必须连续设置水平架。

脚手架高度 $H \leqslant 45m$ 时，水平架至少两步一设；$H > 45m$ 时，水平架应每步一设。不论脚手架高度，在脚手架的转角处，端部及间断处的一个跨距范围内，水平架均应每步一设。

水平架可由挂扣式脚手板或门架两侧的水平加固杆代替。

4）脚手板。第一层门架顶面应铺设一定数量的脚手板，以便在搭设第二层门架时，施工人员可站在脚手板上操作。在脚手架的操作层上应连续满铺与门架配套的挂扣式脚手板，并扣紧挂扣，用滑动挡板锁牢，防止脚手板脱落或松动。采用一般脚手板时，应将脚手板与门架横杆用铅丝绑牢，严禁出现探头板，并沿脚手架高度每步设置一道水平加固杆或设置水平架，加强脚手架的稳定。

5）安装封口杆、扫地杆。在脚手架的底步门架立杆下端应有封口杆、扫地杆。封口杆是连接底步门架立杆下端的横向水平杆件，扫地杆是连接底步门架立杆下端的纵向水平杆件。扫地杆应安装在封口杆下方。

6）脚手架垂直度和水平度的调整。脚手架的垂直度（表现为门架竖管轴线的偏移）和水平度（门架平面方向和水平方向）对于确保脚手架的承载性能至关重要（特别是对于高层脚手架）。门式脚手架搭设的垂直度和水平度允许偏差见表 3-8。

表 3-8 门式钢管脚手架搭设的垂直度和水平度允许偏差

项 目		允许偏差（mm）
垂直度	每步架	$h = 1000$ 及 ± 2.0
	脚手架整体	$H = 600$ 及 ± 50
水平度	一跨距内水平架两端高差	$\pm l = 600$ 及 ± 3.0
	脚手架整体	$\pm L = 600$ 及 ± 50

注：h—步距；H—脚手架高度；l—跨距；L—脚手架长度。

应注意事项：严格控制首层门形架的垂直度和水平度。

在装上以后要逐片地、仔细地调整好，使门架立杆在两个方向的垂直偏差都控制在 2mm 以内，门架顶部的水平偏差控制在 3mm 以内。随后，在门架的顶部和底部用大横杆和扫地杆加以固定。搭完一步架后，应按规范要求检查并调整其水平度与垂直度。接门架时，上下门架立杆之间要整齐，对中的偏差不宜大于 3mm。同时应注意调整门架的垂直度和水平度。另外，应及时装设连墙杆，以避免架子发生横向偏斜。

7）转角处门架的连接。脚手架在转角之处必须做好连接和与墙拉结，确保脚手架的整体性。处理方法：在建筑物转角处的脚手架内、外两侧按步设置水平连接杆，将转角处的两门架连成一体，如图 3-62 所示。水平连接杆必须步步设置，使脚手架在建筑物周围形成连续闭合结构，或者利用回转扣直接把两片门架的竖管扣结起来。

水平连接杆钢管的规格应与水平面加固杆相同，便于用扣件连接。水平连接杆应采用扣件与门架立杆及水平加固杆扣紧。另外，在转角处适当增加连墙件的布设密度。

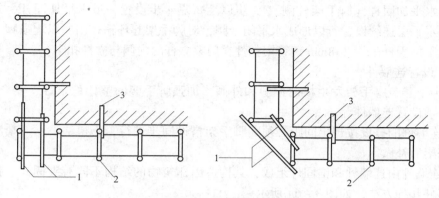

图 3 - 62 转角处脚手架连接

1—连接钢管；2—门架；3—连墙件

（3）斜梯安装。作业人员上下脚手架的斜梯应采用挂扣式钢梯，钢梯的规格应与门架规格配套，并与门架挂扣牢固。

脚手架的斜梯宜采用"之"字形式，一个梯段宜跨越两步或三步，每隔四步必须设置一个休息平台。斜梯的坡度应在 30°以内，如图 3 - 63 所示。斜梯应设置护栏和扶手。

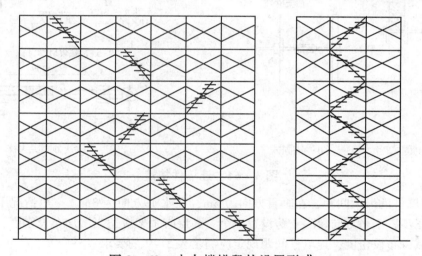

图 3 - 63 上人楼梯段的设置形式

（4）安装水平加固。

1）门式钢管脚手架中，上、下门架均采用连接棒连接，水平杆件采用搭扣连接，斜杆采用锁销连接，由于这些连接方法的紧固性较差，致使脚手架的整体刚度较差，在外力作用下，极易发生失稳。因此，必须设置一些加固件，以增强脚手架刚度。门式脚手架的加固件主要包括：剪刀撑、水平加固杆件、封口杆、扫地杆、连墙件，沿脚手架内外侧周围封闭设置。

2）水平加固杆是与墙面平行的纵向水平杆件。为了确保脚手架搭设的安全，以及脚手架整体的稳定性，水平加固杆必须随脚手架的搭设同步搭设。

3）当脚手架高度超过 20m 时，为防止发生不均匀沉降，脚手架最下面 3 步可以每步设置一道水平加固杆（脚手架外侧），3 步以上每隔 4 步设置一道水平加固杆，并宜在有连墙件的水平层连续设置，以形成水平闭合圈，对脚手架起环箍作用，以增强脚手架的稳定性。水平加固杆采用 $\phi48\text{mm}$ 钢管用扣件在门架立杆的内侧与立杆扣牢。

（5）设置连墙件。

1）为了避免脚手架发生横向偏斜和外倾，加强脚手架的整体稳定性、安全可靠性，脚手架必须设置连墙件。

2）连墙件的搭设按规定间距必须随脚手架搭设同步进行，不得漏设，严禁滞后设置或搭设完毕后补做。

3）连墙件由连墙件和锚固件组成，其构造因建筑物的结构不同有夹固式、锚固式和预埋连墙件几种方法，如图 3-64 所示。

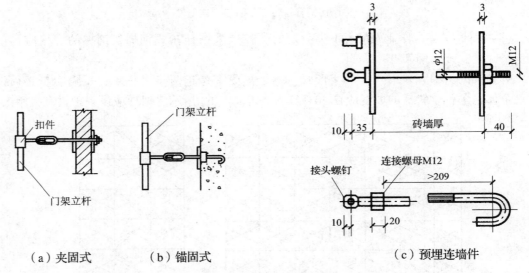

（a）夹固式　　（b）锚固式　　（c）预埋连墙件

图 3-64　连墙件构造

4）连墙件的最大间距，在垂直方向为 6m，在水平方向为 8m。一般情况下，连墙件竖向每隔三步，水平方向每隔 4 跨设置一个。高层脚手架应适当增加布设密度，低层脚手架可适当减少布设密度，连墙件间距规定应满足表 3-9 的要求。

表 3-9　连墙件竖向、水平间距

脚手架搭设高度（m）	基本风压 w_0（kN/m²）	连墙件间距（m）	
		水平方向	竖向
≤45	≤0.55	≤8.0	≤6.0
	>0.55	≤6.0	≤4.0
45~60	—		

5）连墙件应能承受拉力与压力，其承载力标准值不应小于 10kN；连墙件与门架、建筑物的连接也应具有相应的连接强度。

6）连墙件宜垂直于墙面，不得向上倾斜，连墙件埋入墙身的部分必须锚固可靠。

7）连墙件应连于上、下两榀门架的接头附近，靠近脚手架中门架的横杆设置，其距离不宜大于200mm。

8）在脚手架外侧因设置防护棚或安全网而承受偏心荷载的部位应增设连墙件，且连墙件的水平间距不应大于4.0m。

9）脚手架的转角处，不闭合（一字形、槽形）脚手架的两端应增设连墙件，且连墙件的竖向间距不应大于4m，以加强这些部位与主体结构的连接，确保脚手架的安全工作。

10）当脚手架操作层高出相邻连墙件以上两步时，应采用确保脚手架稳定的临时拉结措施，直到连墙件搭设完毕后方可拆除。

11）加固件、连墙件等与门架采用扣件连接时，扣件规格应与所连钢管外径相匹配；扣件螺栓拧紧扭力矩宜为50~60N·m，并不得小于40N·m。各杆件端头伸出扣件盖板边缘长度不应小于100mm。

（6）搭设剪刀撑 为了确保脚手架搭设的安全，以及脚手架的整体稳定性，剪刀撑必须随脚手架的搭设同步搭设。

剪刀撑采用φ48mm钢管，用扣件在脚手架门架立杆的外侧与立杆扣牢，剪刀撑斜杆与地面倾角宜为45°~60°，宽度一般为4~8m，自架底至顶连续设置。剪刀撑之间净距不大于15m，如图3-65所示。

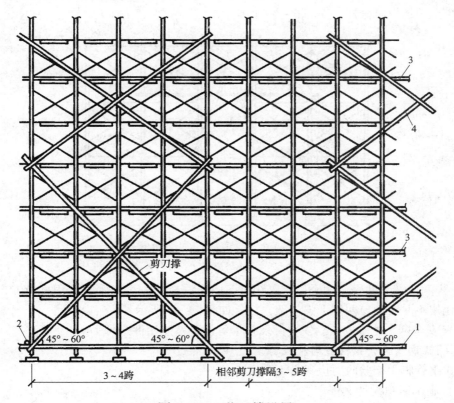

图3-65 剪刀撑设置

1—纵向扫地杆；2—横向封口杆；3—水平加固杆；4—剪刀撑

剪刀撑斜杆若采用搭接接长，搭接长度不宜小于 600mm，且应采用两个扣件扣紧。脚手架的高度 $H > 20m$ 时，剪刀撑应在脚手架外侧连续设置。

（7）门架竖向组装。

1）上、下榀门架的组装必须设置连接棒和锁臂，其他部件（如栈桥梁等）则按其所处部位相应地及时安装。

2）搭第二步脚手架时，门架的竖向组装、接高用连接棒，其直径应比立杆内径小 $1 \sim 2mm$，安装时连接棒应居中插入上、下门架的立杆中，以使套环能均匀地传递荷载。

3）连接棒采用表面油漆涂层时，表面应涂油，以防使用期间锈蚀，拆卸时难以拔出。

4）门式脚手架高度超过 10m 时，应设置锁臂，如采用自锁式弹销式连接棒时，可不设锁臂。

5）锁臂是上下门架组成接头处的拉结部件，用钢片制成，两端钻有销钉孔，安装时将交叉支撑和锁臂先后锁销，以限制门架及连接棒拔出。

6）连接门架与配件的锁臂、搭钩必须处于锁住状态。

（8）通道洞口的设置。

1）通道洞口高不宜大于 2 个门架高，宽不宜大于 1 个门架跨距，通道洞口应采取加固措施。

2）当洞口宽度为 1 个跨距时，应在脚手架洞口上方的内、外侧设置水平加固杆，在洞口两个上角加设斜撑杆，如图 3 - 66 所示。

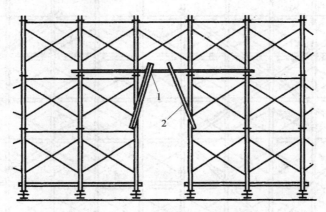

图 3 - 66　通道洞口加固示意
1—水平加固管；2—斜撑杆

3）当洞口宽为两个及两个以上跨距时，应在洞口上方设置水平加固杆及专门设计和制作的托架，并在洞口两侧加强门架立杆，如图 3 - 67 所示。

（9）安全网、扶手安装　安全网及扶手等设置参照扣件式脚手架。

4. 门式钢管脚手架检查与验收

门式钢管脚手架验收时应具备下列文件：

（1）施工组织设计文件。

（2）脚手架工程的施工记录及质量检查记录。

（3）脚手架构配件的出厂合格证或质量分类合格标志。

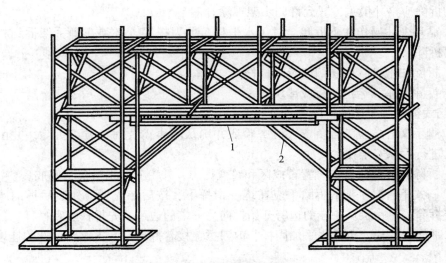

图 3 – 67　宽通道洞口加固示意

1—托架梁；2—斜撑杆

（4）脚手架搭设过程中出现的重要问题及其处理记录。

（5）脚手架工程的施工验收报告。

脚手架工程验收，除查验有关文件之外，还应进行以下几项现场检查，记入施工验收报告。

（1）构配件和加固件质量是否合格，是否齐全，连接及挂扣是否紧固可靠。

（2）安全网的张挂及扶手的设置齐全与否。

（3）基础是否平整坚实、支垫是否符合规定要求。

（4）连墙件的数量、位置和设置是否满足要求。

（5）垂直度及水平度是否合格。

3.3.3　门式钢管外脚手架的拆除

1.　门式钢管脚手架的拆除要求

门式钢管脚手架的拆除要求如下：

（1）工程施工完毕后，经单位工程负责人检查确认不需要脚手架时，方可拆除。

（2）拆除脚手架前，应编制拆除方案，由专业人员进行拆除。

（3）拆除脚手架时，应设置警戒区，设立警戒标志，并由专人负责警戒。

（4）脚手架拆除前，应先清理架子上的材料、工具及杂物。

2.　门式钢管脚手架的拆除顺序

门式钢管脚手架的拆除顺序如下：

（1）从跨边起先拆顶部栏杆和扶手，然后拆脚手板（或水平架）与扶梯，再卸下水平加固件和剪刀撑。

（2）自顶层跨边开始拆卸交叉支撑，同步卸下顶部连墙杆与顶层门架。

（3）继续按上述步骤拆除第二步架，脚手架的自由悬臂高度不得超过三步架，所以连墙杆的拆除应格外慎重，只允许同步架拆除。

（4）循环上述操作往下拆卸。对于水平杆、剪刀撑等，必须在脚手架拆到相关跨间时，方可拆除。

（5）拆除扫地杆、底层门架及封口杆。

（6）拆除底座，运走垫板或垫块。

3. 门式钢管脚手架的拆除要点及安全

（1）脚手架经单位工程负责人检查验证并确认不再需要时，方可拆除。并由单位工程负责人进行拆除安全技术交底。

（2）拆除脚手架时，应设置警戒区和警戒标志，并由专职人员负责警戒。

（3）门式钢管脚手架的拆除，应在统一指挥下，按后装先拆、先装后拆的顺序自上而下逐层拆除，每一层从一端的边跨开始拆向另一端的边跨，先拆扶手和栏杆，然后拆脚手架或水平架、扶梯，再拆水平加固杆、剪刀撑，接着拆除交叉支撑，顶部的连墙件，同时拆卸门架。

（4）脚手架同一步（层）的构配件和加固件应按先上后下，先外后内的顺序进行拆除，最后拆连墙件和门架。

（5）在拆除过程中，脚手架的自由悬臂高度不得超过 2 步，当必须超过 2 步时，应加设临时拉结。

（6）连墙杆、通长水平杆、剪刀撑等必须在脚手架拆卸到相关的门架时方可拆除，严禁先拆。

（7）工人必须站在临时设置的脚手板上进行拆卸作业，并按规定使用安全防护用品。拆除工作中，严禁使用榔头等硬物击打、撬挖，拆下的连接棒应放入袋内，锁臂应先传递至地面并放室内堆存。

（8）拆卸连接部件时，应将锁座上的锁板、卡钩上的锁片旋转至开启位置，然后开始拆除，不得硬拉，严禁敲击。

（9）拆下的门架及配件，应清除杆件及螺纹上的沾污物，并及时分类、检验、整修和保养，按品种、规格、分类整理存放，妥善保管。

4 不落地式脚手架的搭拆

4.1 挂脚手架

4.1.1 挂脚手架的基本构造

常见的挂脚手架由三角形架、大小横杆、立杆，安全防护栏杆、安全网、穿墙螺栓、吊钩等组成。由两个或几个这样的三角架组成一榀，由脚手管固定，并以此为基础搭设防护架和铺设脚手板。

挂脚手架可根据结构形式的不同，而采用不同的挂架。

装修时可以采用图 4-1 和图 4-2 所示的构造。

砌筑时可以采用图 4-3 所示的两种构造。

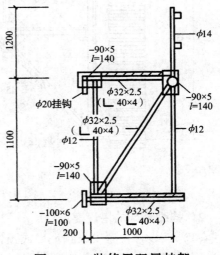

图 4-1 装修用双层挂架

4.1.2 挂脚手架的搭设

1. 挂脚手架的搭设程序

挂脚手架的搭设程序：

在砌筑墙体（柱子）对预埋钢销板（挂环）→挂架安装→铺设脚手板→绑扎连接护栏。

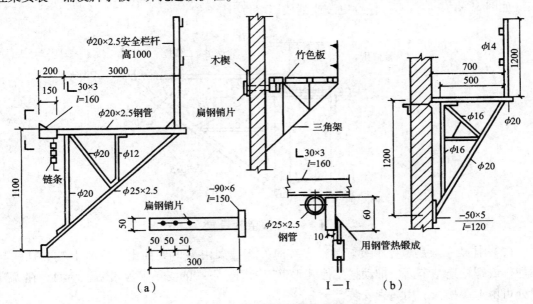

图 4-2 装修用单层挂架

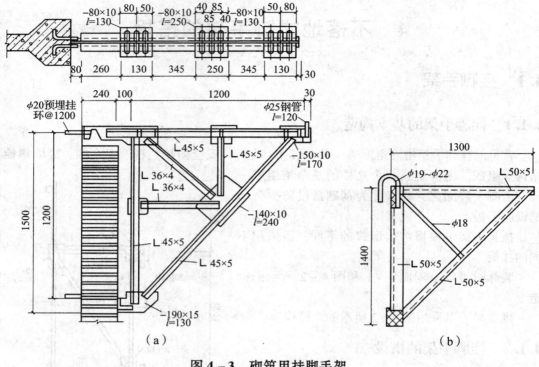

图 4 - 3　砌筑用挂脚手架

2. 挂脚手架的搭设要点

（1）按设计位置安设预埋件或预留孔洞。连墙点的设置是挂架安全施工的关键，无论采用何种连墙方法，都必须经过设计计算，施工时务必按设计要求预埋铁件或预留孔洞，如图 4 - 4 所示，不得任意更改或漏放连墙件。

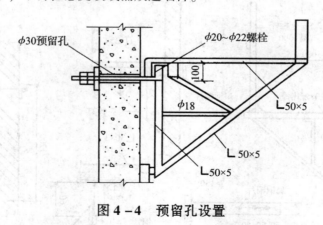

图 4 - 4　预留孔设置

（2）挂架一般是事先组装好的，安装时，将挂架由窗口处伸出，应将上端的挂钩与预埋件或螺栓连结牢固，推动挂架使其垂直于墙面，下端的支承钢板紧贴于墙面。在无窗口处可由上层楼板上用绳索安装。

（3）挂架安放好后，先由窗口处将脚手板铺上一跨，相邻两窗口同时操作。铺好板后，两人上到脚手板绑护身栏杆，使各榀挂架连成一整体，再铺中间的脚手板，依次逐跨安装。

3. 使用注意事项

（1）搭设挂架之前，必须预先在墙（柱子）内埋设好钢销板（挂环）并注意在门窗洞口两侧 180mm 范围内不能设挂架子。

（2）在向上或向下翻挂架时，需要两套挂架以便倒着用，但拆与安之间要保持适当的距离，尽量提供方便的操作条件，操作人员要互相协调，紧密配合。

（3）外挂脚手架上必须设置 3 道安全护栏，最底一道即为挂架之间的水平连杆，每道栏杆均须互相连接牢固。

（4）在挂架前认真检查焊缝质量，并严格控制架上操作人员数量，一般不得超过 3 人。

（5）建筑工程装修采用外挂脚手架时，应先做外装修，后做内装修，前后错开一个楼层。

（6）挂架的拆除以及工作台的升降，也可使用塔式起重机或汽车吊。

（7）挂架时要保证将挂钩插到底，外侧和下面均张设安全网。

4.1.3　挂脚手架的拆除

挂脚手架拆除时先由塔吊吊住并让钢丝绳受力，然后松开墙体内侧螺母，卸下垫片，这时人站在挂架下层平台内将穿墙螺杆从墙外侧拔出，塔吊将外挂架吊到地面解体。

4.2　吊篮脚手架

4.2.1　吊篮式脚手架的分类与构造

吊篮式脚手架分为手动吊篮式脚手架和电动吊篮式脚手架两类。

1. 手动吊篮脚手架

手动吊篮脚手架由支承设施、安全绳、吊篮绳、手扳葫芦和吊架（吊篮）组成，如图 4-5 所示，利用手扳葫芦进行升降。

吊篮吊挂设置在屋面上的悬挂机构上，吊篮的常见设置情况如图 4-6 所示。吊篮常用手扳葫芦进行升降。

（1）支承设施。一般采用建筑物顶部的悬挑梁或桁架，必须按设计规定与建筑结构固定牢靠，挑出的长度应保证吊篮绳垂直于地面，如图 4-7（a）所示。如挑出过长，应在其下面加斜撑，如图 4-7（b）所示。

（2）吊篮绳。吊篮绳可采用钢丝绳或钢筋链杆。钢筋链杆的直径不得小于 16mm，每节链杆长 800mm，第 5~10 根链杆相互连成一级，使用时用卡环将各组连接成所需的长度。

（3）安全绳。安全绳应采用直径不小于 13mm 的钢丝绳。

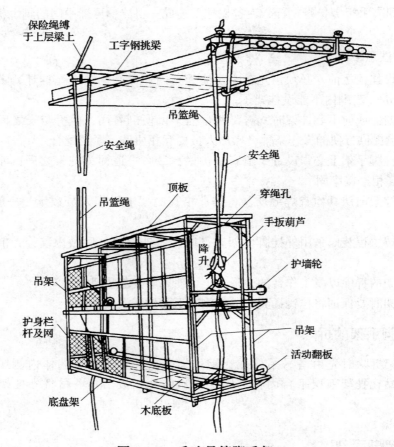

图 4-5　手动吊篮脚手架

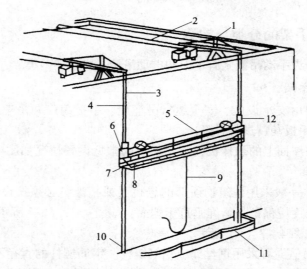

图 4-6　吊篮的设置情况

1—悬挂机构；2—悬挂机构安全绳；3—工作钢丝绳；4—安全钢丝绳；5—安全带及安全绳；
6—提升机；7—悬吊平台；8—电器控制柜；9—供电电缆；10—绳坠铁；11—围栏；12—安全锁

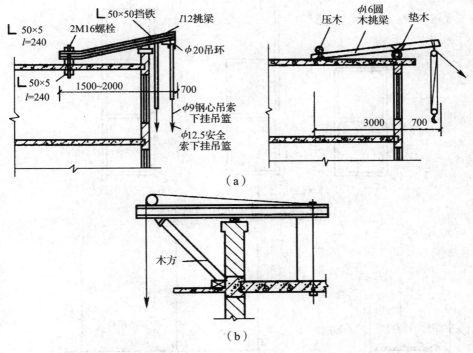

图 4-7 支承设施

（4）吊篮、吊架。

1）如图 4-8 所示，组合吊篮一般采用 $\phi48$ 钢管焊接成吊篮片，再把吊篮片用 $\phi48$ 钢筋扣接成吊篮，吊篮片间距为 $2.0\sim2.5\,\mathrm{m}$，吊篮长不宜超过 $8.0\,\mathrm{m}$，以免重量过大。

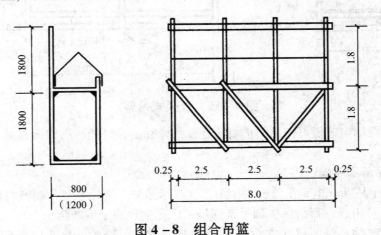

图 4-8 组合吊篮

图 4-9 所示是双层、三层吊篮片的形式。

2）如图 4-10 所示，框架式吊架用 $\phi50\times3.5\,\mathrm{m}$ 钢管焊接制成，主要用于外装修工程。

3）桁架式工作平台。桁架式工作平台一般由钢管或钢筋制成桁架结构，在上面铺上脚手板，常用长度有 3.6、$4.5\,\mathrm{m}$、$6.0\,\mathrm{m}$ 等几种，宽度一般为 $1.0\sim1.4\,\mathrm{m}$。这类工作台主要用于工业厂房或框架结构的围墙施工。

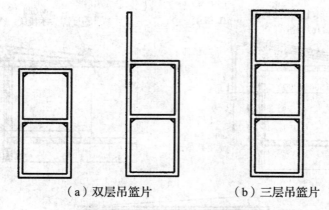

（a）双层吊篮片　　　　　　（b）三层吊篮片

图 4 – 9　组合吊篮的吊篮片

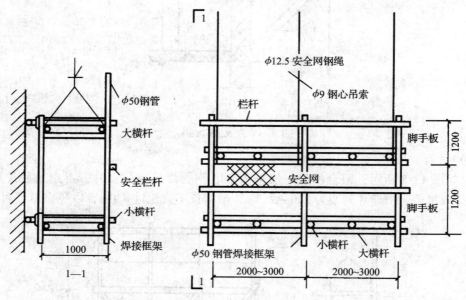

图 4 – 10　框架式吊架

　　吊篮里侧两端应装置可伸缩的护墙轮，使吊篮在工作时能与结构面靠紧，以减少吊篮的晃动。

　　2. 电动吊篮脚手架

　　如图 4 – 11 所示，电动吊篮脚手架由屋面支承系统、绳轮系统、提升机构、安全锁和吊篮（或吊架）组成。目前吊篮脚手架都是工厂化生产的定型产品。

　　（1）屋面支撑系统。屋面支承系统由挑梁、支架、脚轮、配重以及配重架等组成，主要有四种形式，如图 4 – 12 所示。

　　（2）提升机构。电动吊篮的提升机构由电动机、制动器、减速系统及压绳系统组成，如图 4 – 13 所示。

　　（3）吊篮。吊篮由底篮栏杆、挂架和附件等组成。宽度标准有 2.0m、2.5m 与 3.0m 三种。

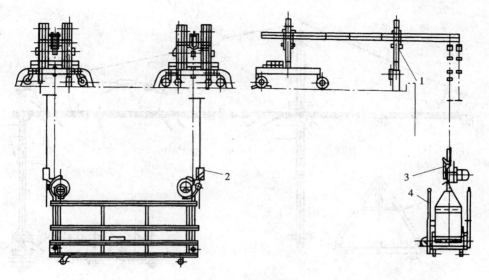

图4-11　电动吊篮脚手架

1—屋面支撑系统；2—安全锁；3—提升机构；4—吊篮

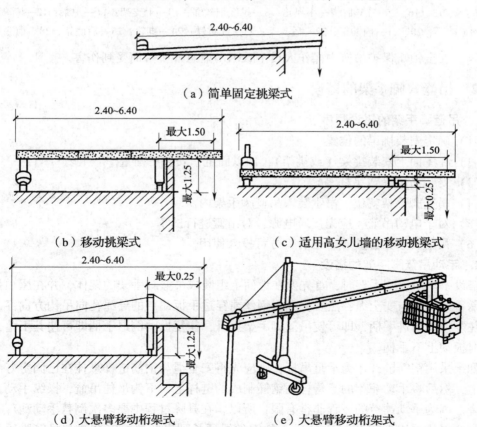

（a）简单固定挑梁式

（b）移动挑梁式　　　　　　（c）适用高女儿墙的移动挑梁式

（d）大悬臂移动桁架式　　　　（e）大悬臂移动桁架式

图4-12　电动吊篮屋面支承系统示意图（m）

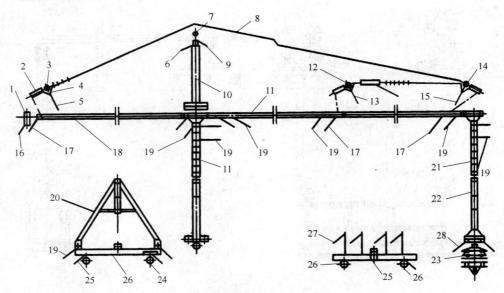

图 4 – 13 提升机构结构图

1—挂板；2—拉曳板；3、14—绳轮；4—垫片；5、15、17、19、27—螺栓；
6、9、13、16、29—销轴；7—小绳轮；8—拉纤钢丝绳；10—上支架；11—中梁；12—隔套；
18—前梁；20、21—内插架；22—后支架；23—配重铁；24—脚轮；25—后底架；28—前底架

（4）安全锁。保护吊篮中操作人员不致因吊篮意外坠落而受到伤害。

4.2.2 吊篮式脚手架的搭设

1. 吊篮脚手架的搭设顺序

（1）确定安装挑梁的位置。

（2）在屋面上安装挑梁（或挑架），加以固定，安装平衡重。

（3）安装吊索（或吊杆等）。

（4）吊篮脚手架就位、吊索装入吊篮脚手架内。

（5）对于电动吊篮，应先接通电源，对吊篮进行试车。

（6）吊篮脚手架经验收合格后，方可投入使用。

2. 手动吊篮脚手架的搭设

搭设手动吊篮脚手架时，首先要在地面上组装成吊篮脚手架的架体，并在屋顶挑梁上挂好承重钢丝绳与安全绳；然后将承重钢丝绳穿过手扳葫芦的导绳孔向吊钩方向穿入、压紧，往复扳动前进手柄，即可使吊篮脚手架升升，往复扳动倒退手柄即可使其下落，但不可同时扳动上下手柄。

如果采用钢筋链杆作为承重吊杆，则应先将安全绳与钢筋链杆悬挂在已固定好的屋顶挑梁上，然后将手动葫芦的上钩挂在钢筋制成的链杆上，下钩吊住吊篮，操纵手动葫芦进行升降。因为手动葫芦的行程非常有限，所以，在升降过程中要多次倒替手动葫芦。

安全绳均采用直径不小于 $\phi 13mm$ 的钢丝绳通长到底布置，安全绳与吊篮脚手架架体的连接有以下两种方式：

（1）利用钢丝绳挂住吊篮架底与保险绳卡牢（最少3扣），如图4-14所示，每卡一次留有不大于1m的升降量，一旦吊篮从承重钢丝绳或钢筋链杆上脱落，保险绳能起到吊住吊篮架的作用。这种方法很复杂，每升降1m就要卡一次保险绳，而且一旦脱落，在保险绳起作用前会有约不大于1m的自由跌落冲击。

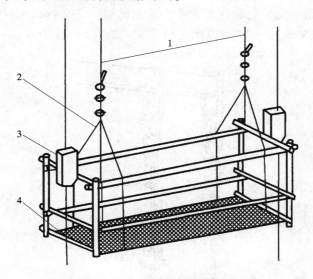

图4-14　手动吊篮保险装置

1—保险绳；2—安全绳；3—提升装置；4—吊篮

（2）有一种安全自锁装置，只需把安全锁固定在吊篮架体上，同时套装在保险钢丝绳上，在正常升降时安全锁随吊篮架体沿保险绳升降，一旦吊篮坠落，安全锁自动将吊篮架体锁在保险钢丝绳上。这种安全锁使用方便，安全可靠，如图4-15所示。

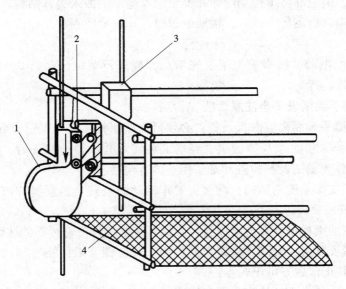

图4-15　手动吊篮安全锁

1—安全锁；2—连接装置；3—提升装置

3. 电动吊篮脚手架的安装

（1）安装屋面支承系统时，一定要仔细检查各处连接件及紧固件是否牢固。同时，应检查悬挑梁的悬挑长度是否符合要求、配重码的位置以及配重的数量是否符合使用说明书中的有关规定。

（2）屋面支承系统安装完毕后，方可安装钢丝绳。安全钢丝绳在外侧、工作钢丝绳在里侧，两绳相距150mm，且应加以固定和卡紧，如图4-16所示。

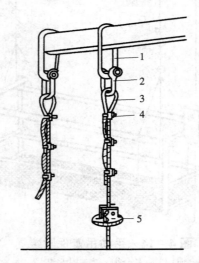

图4-16　电动吊篮脚手架钢丝绳的固定

1—固定吊篮；2—索具吊篮；3—钢丝绳；4—钢丝绳夹；5—限位装置

（3）吊篮脚手架在现场附近组装完毕，经检查合格后运入指定地点，然后接通电源进行试车。同时，由上部将工作钢丝绳和安全钢丝绳分别插入提升结构及安全锁中。工作钢丝绳一定要在提升机运行中插入。接通电源时，一定要特别注意相位，使吊篮能按正确方向升降。

（4）新购买的电动吊篮脚手架组装完毕后，应进行空载试运行6~8h，待一切正常后，方可开始负载运行。

4. 吊篮式脚手架搭设安全注意事项

（1）吊篮式脚手架属高空载人设备，必须严格按照相关安全规程进行操作。

（2）吊篮操作人员必须身体健康，经培训和实习并取得合格证后，方可上岗操作。

（3）每天工作班前的例行检查和准备作业内容包括：

1）检查屋面支撑系统钢结构，配重，工作钢丝绳及安全钢丝绳的技术状况，凡不合格者，应立即纠正。

2）检查吊篮的机械设备及电器设备，确保其正常工作，有可靠的接地设施。

3）开动吊篮反复进行升降，检查起升机构、安全锁、限位器、制动器以及电动机的工作情况，确认其正常后方可正式运行。

4）清扫吊篮中的尘土垃圾、积雪和冰碴。

（4）操作人员必须遵守操作规程，戴安全帽，系安全带，服从安检人员命令。

（5）严禁酒后登吊篮操作。

　　（6）严禁在吊篮中嬉戏打闹。

　　（7）吊篮上携带的材料和机具必须安置妥当，不得使吊篮倾斜和超载。

　　（8）如遇有雷雨天气或风力超过 5 级时，不得登吊篮操作。

　　（9）当吊篮停置在半空中时，应将安全锁锁紧，需要移动时，再将安全锁松开。

　　（10）吊篮在运行中如发生异常影响和故障，必须立即停机进行检查，故障未经彻底排除，不得继续使用。

　　（11）如果必须利用吊篮进行电焊作业，对吊篮钢丝绳进行全面防护，以免钢丝绳受到损坏，不能利用受到损坏的钢丝绳，更不能利用钢丝绳作为导电体。

　　（12）在吊篮下降着地之前，在地面上垫放方木，以免损坏吊篮底部脚轮。

　　（13）每日作业班后应注意检查并做好下列收尾工作。

　　1）将吊篮内的物件拉紧，以防大风骤起，刮坏吊篮和墙面。

　　2）将吊篮内的建筑垃圾清扫干净，将吊篮悬挂于离地 3m 处，撤去上下梯。

　　3）将多余电缆线及钢丝绳存放在吊篮内。

　　4）作业完毕后应将电源切断。

　　5. 吊篮式脚手架检查与验收

　　（1）吊篮式脚手架的检查。

　　1）检查屋面支承系统的悬挑长度是否符合设计要求，与结构的连接是否牢固可靠，配套的位置和配套量是否符合设计要求。

　　2）检查吊篮绳、吊索、安全绳。

　　3）五级及五级以上大风及大雨、大雪后应进行全面检查。

　　（2）吊篮式脚手架的验收。无论是电动吊篮还是手动吊篮，搭设完毕后都要由技术、安全等部门依据规范和设计方案进行验收，验收合格后方可使用。

4.2.3　吊篮式脚手架的拆除

　　吊篮式脚手架拆除流程如下：

　　将吊篮逐步降至地面→拆除提升装置→抽出吊篮绳→移走吊篮→拆除挑梁→解掉吊篮绳、安全绳→将挑梁及附件吊送到地面。

4.3　悬挑式外脚手架

4.3.1　悬挑式外脚手架的构造

　　悬挑式外脚手架就是利用建筑结构外边缘向外伸出的悬挑结构来支撑外脚手架，并将脚手架的荷载全部或部分传递给建筑物的结构部分。它必须有足够的强度、刚度和稳定性，如图 4 – 17 所示。根据悬挑结构支撑结构的不同，可分为挑梁式悬挑脚手架和支撑杆式悬挑脚手架两类。

图 4 – 17 悬挑式外脚手架

1. 挑梁式悬挑脚手架

挑梁式悬挑脚手架采用固定在建筑物结构上的悬挑梁（架），并以此为支座搭设脚手架，一般为双排脚手架。此种类型脚手架搭设高度一般控制在 6 个楼层（20m）以内，可同时进行 2 ~ 3 层作业，是目前较常用的脚手架形式。其支撑结构有下撑挑梁式、桁架挑梁式和斜拉挑梁式三种。

（1）下撑挑梁式。在主体结构上预埋型钢挑梁，并在挑梁的外端加焊斜撑压杆组成挑架。各根挑梁之间的间距不大于 6m，并用两根型钢纵梁相连，然后在纵梁上搭设扣件式钢管脚手架，如图 4 – 18 所示。

（2）桁架挑梁式。与下撑挑梁式基本相同，用型钢制作的桁架代替了挑梁，如图 4 – 19 所示，这种支撑形式承载力较强，下挑梁的间距可达 9m。

（3）斜拉挑梁式。斜拉挑梁式悬挑脚手架以型钢作挑梁，其端头用钢丝绳（或钢筋）作拉杆斜拉，如图 4 – 20 所示。

2. 支撑杆式悬挑脚手架

支撑杆式悬挑脚手架的支承结构是三角斜压杆，直接用脚手架杆件搭设。

（1）支撑杆式单排悬挑脚手架。支撑杆式单排悬挑脚手架的支承结构有以下两种形式：

1）从窗口挑出横杆，斜撑杆支撑在下一层的窗台上。当无窗台时，则可预先在墙上留洞或预埋支托铁件，以支承斜撑杆，如图 4 – 21（a）所示。

2）如图 4 – 21（b）所示支撑杆式悬挑脚手架的支承结构是从同一窗口挑出横杆和伸出斜撑杆，斜撑杆的一端支撑在楼面上。

（2）支撑杆式双排悬挑脚手架。支撑杆式双排悬挑脚手架的支承结构也有以下两种形式：

1）内、外两排立杆上加设斜撑杆：斜撑杆一般采用双钢管，而水平横杆加长后，一端与预埋在建筑物结构中的铁环焊牢，这样脚手架的荷载通过斜杆和水平横杆传递到建筑物上，如图 4 – 22 所示。

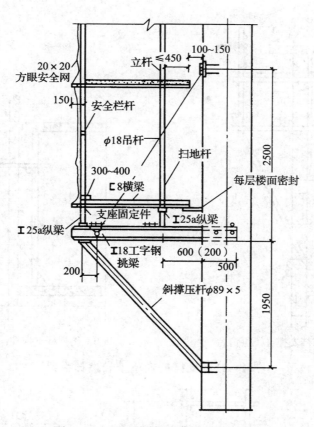

图 4-18　下撑挑梁式悬挑脚手架

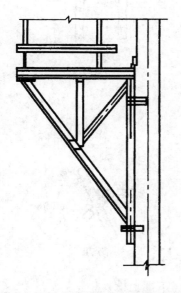

图 4-19　桁架挑式悬挑脚手架

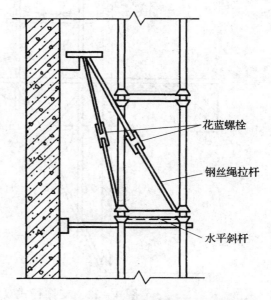

图 4-20　斜拉挑梁式悬挑脚手架

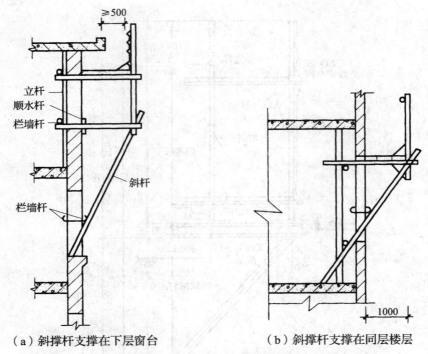

（a）斜撑杆支撑在下层窗台　　　　（b）斜撑杆支撑在同层楼层

图 4 –21　支撑杆式单排悬挑脚手架

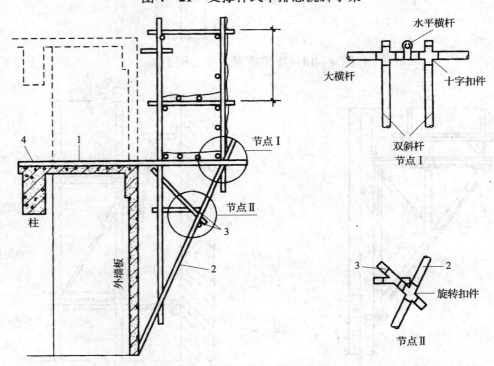

图 4 –22　支撑杆式双排悬挑脚手架（下撑上挑）

1—水平横杆；2—双斜撑杆；3—加强短杆；4—预埋铁杆

2）采用下撑上拉方法，在脚手架的内、外两排立杆上分别加设斜撑杆：斜撑杆的下端支在建筑结构的梁或楼板上，并且内排立杆的斜撑杆的支点比外排立杆斜撑杆的支点高一层楼。斜撑杆上端用双扣件与脚手架的立杆连接，如图 4 - 23 所示。

4.3.2 悬挑式外脚手架的搭设

1. 搭设施工准备

悬挑式外脚手架搭设前应根据专项施工方案准备好搭设架体的材料，按要求加工制作支承架及其预埋件等。脚手架的预埋件，在编制专项施工方案时即已设计好位置，预埋件所用材料及其规格等应经过专门设计。应派专人在建筑结构施工时埋设预埋件，埋设位置应准确，锚固应可靠。

2. 搭设技术要求

悬挑支撑结构以上部分脚手架与一般落地式扣件钢管脚手架的搭设要求基本相同。高层建筑采用分段外挑脚手架时，脚手架的技术要求应符合表 4 - 1 的规定。

3. 挑梁式悬挑脚手架的搭设

（1）搭设顺序。挑梁式悬挑脚手架的搭设顺序为：安置型钢挑梁（架）→安装斜撑压杆、斜拉吊杆（绳）→安放纵向钢梁→搭设脚手架或安放预先搭好的脚手架。

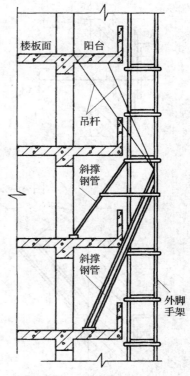

图 4 - 23 支撑杆式双排悬挑脚手架（下撑上拉）

表 4 - 1 分段式外挑脚手架技术要求

允许荷载 （N/m²）	立杆最大间距 （mm）	纵向水平杆 最大间距 （mm）	横向水平杆间距 （mm）		
			脚手板厚度 （mm）		
			30	43	50
1000	2700	1350	2000	2000	2000
2000	2400	1200	1400	1400	1750
3000	2000	1000	2000	2000	2200

（2）施工要点。

1）悬挑梁与墙体结构的连接，应预埋铁件或留好孔洞，不得随便打孔凿洞，破坏墙体。各支点要与建筑物中的预埋件连接牢固，如图 4 - 24 ~ 图 4 - 27 所示。

2）支承在悬挑支承结构上的脚手架，其最低一层水平杆处应满铺脚手板，以保证脚手架底层有足够的横向水平刚度。

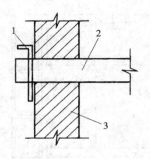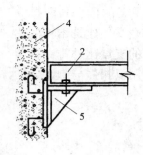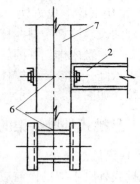

图 4-24 支撑式挑梁与结构的连接点

1—销；2—挑梁；3—墙体；4—混凝土结构；5—托件；6—螺栓；7—柱

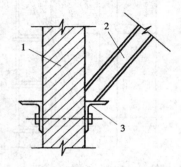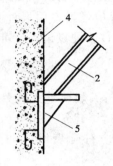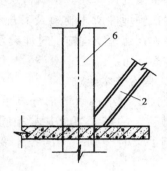

图 4-25 斜撑杆底部支点构造

1—墙体；2—斜撑；3—角钢支托；4—混凝土结构；5—托件；6—柱

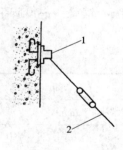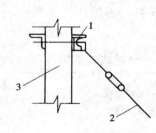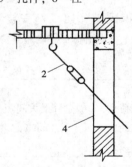

图 4-26 斜拉杆与结构的连接

1—预埋铁件；2—拉杆；3—柱子；4—窗口

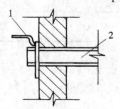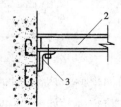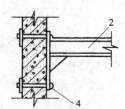

图 4-27 斜拉式挑梁与结构的连接

1—φ16 销；2—挑梁；3—预埋支座；4—螺栓锚固

3）挑梁式悬挑脚手架立杆与挑梁（或纵梁）的连接，应在挑梁（或纵梁）上焊150~200mm长钢管，其外径比脚手架立杆内径小1.0~1.5mm，用接长扣件连接，同时在立杆下部设1~2道扫地杆，以确保架子的稳定，如图4-28所示。

图4-28 脚手架立杆与挑梁（或纵梁）的连接

（3）注意事项。

1）脚手架的材料必须符合设计要求，不得使用不合格的材料。

2）各支点要与建筑物中的预埋件连接牢固。

3）斜拉杆（绳）应有收紧措施，以便在收紧后承担脚手架荷载。

4）脚手架立杆与挑梁用接长扣件连接，同时在立杆下部设1~2道扫地杆，以确保架子的稳定。

4. 支撑杆式悬挑脚手架的搭设

（1）搭设顺序。支撑杆式悬挑脚手架搭设顺序为：水平横杆→纵向水平杆→双斜杆→内立杆→加强短杆→外立杆→脚手板→栏杆→安全网→上一步架的横向水平杆→连墙杆→水平横杆与预埋环焊接。

（2）施工要点。

1）连墙杆的设置：根据建筑物的轴线尺寸，在水平方向应每隔3跨（隔6m）设置一个，在垂直方向应每隔3~4m设置一个，并要求各点互相错开，形成梅花状布置。

2）要严格控制脚手架的垂直度，随搭随检查，发现超过允许偏差及时纠正。垂直度偏差：第一段不得超过1/400，第二段、第三段不得超过1/200。

3）脚手架中各层均应设置护栏、踢脚板和扶梯。脚手架外侧和单个架子的底面用小眼安全网封闭，架子与建筑物要保持必要的通道，如图4-29所示。

4）脚手架的底层应满铺厚木脚手板，其上各层可满铺薄钢板冲压成的穿孔轻型脚手板。

（3）注意事项。

1）连墙杆要求在水平方向每隔6.0m与建筑物连接牢固；在垂直方向隔3~4m设置一个拉结点，并要求成梅花形布置。

**图4-29 悬挑脚手架
上下层通道**

2）要严格控制脚手架的垂直度。

3）斜撑钢管要与脚手架立杆用双扣件连接牢固。

4）按搭设顺序搭设，并在下面支设安全网。

5．悬挑式外脚手架检查、验收与使用安全管理

脚手架分段或分部位搭设完，必须按相应的钢管脚手架安全技术规范要求进行检查、验收，经检查验收合格后，方可继续进行搭设和使用，在使用中应严格执行有关安全规程。

脚手架在使用过程中要加强检查，及时清除架子上的垃圾和剩余材料，注意控制使用荷载，禁止在架子上过多集中堆放材料。

4.3.3 悬挑式外脚手架的拆除

1．拆除前的准备工作

在进行悬挑式外脚手架的拆除工作之前，必须做好以下准备工作：

（1）当工程施工完成后，必须经单位工程负责人检查验证，确认不再需要脚手架后，方可拆除。

（2）拆除脚手架应制定拆除方案，并向操作人员进行技术交底。

（3）全面检查脚手架是否安全。

（4）拆除前应清理脚手架上的材料、工具和杂物，清理地面障碍物。

（5）拆除脚手架现场应设置安全警戒区域和警告牌，并派专人看管，严禁非施工作业人员进入拆除作业区内。

2．拆除顺序

悬挑式外脚手架的顺序与搭设相反，不允许先行拆除拉杆。应先拆除架体，再拆除悬挑支承架。

拆除架体可采用人工逐层拆除，也可采用塔吊分段拆除。

3．整修、保养和保管

拆下的脚手架材料及构配件，应及时检验、分类、整修和保养，并按品种、规格分类堆放，以便运输、保管。

4.4 附着式升降脚手架

4.4.1 附着式升降脚手架的分类

1．按架体的升降方式分类

（1）单跨附着升降脚手架。单跨附着升降脚手架是指仅有两套升降机构，可以进行单跨升降的附着升降脚手架，如图 4－30 所示。单跨附着升降脚手架一般用于无法连成整体升降脚手架的部位。若采用手拉葫芦作为升降机构，仅限用于单跨附着升

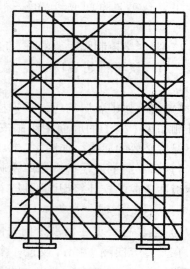

图 4－30 单跨附着升降脚手架

降脚手架。

（2）多跨附着升降脚手架。多跨附着升降脚手架是指有三套以上升降机构，可以同时升降的连跨升降脚手架。在建筑物主体结构的外墙面上下有变化以及有分段流水的施工作业时使用。由于多跨附着升降脚手架不能形成整体结构，因此在架体升降过程中，对架体防倾覆装置的安装和使用要求较高。

（3）整体附着升降脚手架。整体附着升降脚手架是指有多套升降机构，整个架体形成一个封闭的空间，可以整体升降的多跨附着升降脚手架。整体附着升降脚手架应用于建筑物主体结构上下无变化的情况，其整体性能较好，架体向里、外倾斜的可能性小，升降过程中的安全性能优于其他附着升降脚手架。由于整体附着升降脚手架在升降过程中有多套升降机构同时工作，因此，对控制升降机构的同步性能要求较高。

（4）互爬式附着升降脚手架。互爬式附着脚手架是将围绕建筑物主体结构外围的升降脚手架分成一段段独立的单元架体，利用相邻架体互为支点并交替提升的升降脚手架，如图4-31所示。互爬式升降脚手架的结构简单，易于操作，但架体的分段较多，架体整体性较差，安全防护性能不如整体附着升降脚手架。互爬式附着升降脚手架的升降机构一般采用手拉葫芦提升，架体升降的同步性差，每层升降的操作时间比较长。

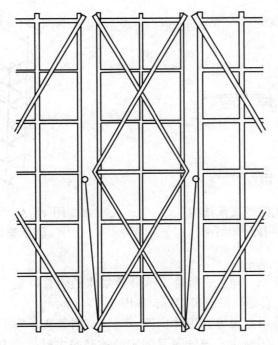

图4-31　互爬式附着升降脚手架

2. 按附着支承结构的形式分类

（1）吊拉式附着支承。吊拉式附着支承由上下两套附着支承装置组成：上面一套附着支承装置有提升挑梁（即悬挂梁、悬挑吊梁）、上拉杆和穿墙螺栓等部件，如图4-32所示。架体的升降是利用从外墙面或边梁上悬挑伸出来的提升挑梁和上拉杆附着支承在建筑物上，通过若干组悬挂在提升挑梁上的升降机构吊拉住架体来实现的。架体的附着固定是利用另外一套下拉杆连接在建筑主体结构上的。

吊拉式附着支承的显著特点是架体属于中心提升，升降较平稳。由于提升状况的需要，提升挑梁和上拉杆固定在建筑物上并伸到架体内部，移动的架体在升降时必须避让提升挑梁和上拉杆，所以每套升降机构从下往上至少有 3~4 步的内侧桁架面不连续，这几步架体的操作面也不连续，如图 4-33 所示。

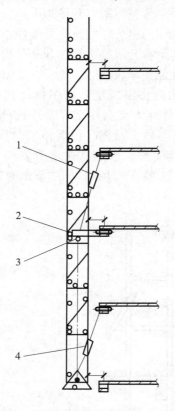

图 4-32 吊拉式附着支承结构
1—上拉杆；2—提升挑梁；
3—升降机构；4—下拉杆

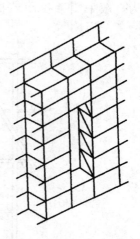

图 4-33 吊拉式附着支承
脚手架内部桁架结构

（2）导轨式附着支承。导轨式附着支承是指架体的附着固定、升降以及防坠落装置和防倾覆装置均依靠一套导轨系统来实现，如图 4-34 所示。

因升降机构的提升吊点设置在架体内侧，导轨式附着支承脚手架属于偏心提升。提升工况中，架体外倾力矩较大，导轨及其固定处的竖向主框架受力状态较差，易产生变形后影响架体的正常升降。所以，对导轨的设计、制作、附着固定和安装调整要求较高。

（3）套框式附着支承。套框式附着支承是指架体的附着固定和升降是通过两个能相互滑动的主框架和套框架的交替移动和固定来实现的，如图 4-35 所示。特点是结构简单，便于操作升降机构安装在架体内部，随架体一起升降，减少移动升降机构的工作量。套框架既作为架体升降的附着支承点，又是架体升降过程中的防倾覆装置。由于套框式附着支承的结构特点，两个框架在相互接触和移动范围内的桁架结构，在制作和安装方面要求较高。因受到结构限制，每次架体升降一层楼高度需要多次移动框架，每层的升降时间较长。套框式附着升降脚手架主要适用于剪力墙结构的高层建筑。

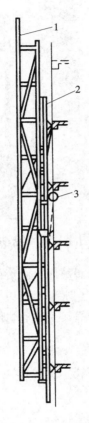

图 4 – 34 导轨式附着支承结构
1—架体；2—导轨；
3—升降机构

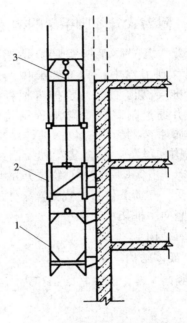

图 4 – 35 套框式附着支承结构
1—主框架；2—套框架；
3—升降机构

3. 按升降机构的类型分类

（1）手拉环链葫芦。一般采用 3 ~ 5t 的手拉环链葫芦作为架体的升降机构。其结构简单、重量轻、易于操作、使用方便。因采用人工操作，当出现故障时可及时发现、排除或予以更换。由于手拉环链葫芦的力学性能较差，人工操作因素影响较大，多台手拉环链葫芦同时工作时不易保持其同步性，因此手拉环链葫芦不适用于多跨或整体附着升降脚手架，一般只限用于单跨升降脚手架的升降施工。

（2）电动环链葫芦。一般采用 5 ~ 10t 的电动环链葫芦作为架体的升降机构。此类升降机构体积小，重量轻，升降速度一般在 0.08 ~ 0.1m/min 左右。电动环链葫芦运行平稳，制动灵敏可靠，可实现群体使用时的电控操作，安装和使用操作方便，使用范围较广，如图 4-36 所示。

（3）电动卷扬机。其特点是采用钢丝绳提升，结构简单，架体每次升降的高度不受限制，升降的速度也较快。因其体积和重量较大，安装和使用的位置不易布置，在附着升降脚手架中应用较少。

（4）液压动力设备。其特点是架体升降相当平稳，安全可靠，整体升降同步性能好。但受到液压缸行程的限制，架体无法连续升降，每层升降的时间较长，而且液压动力设备复杂，安装和维护技术水平要求高，一次性投资及维修成本较高。

4.4.2 附着式升降脚手架的构造

附着式升降脚手架实际上是把一定高度的落地式脚手架移到了空中，脚手架架体的总高度一般为搭设四个标准层高再加上一步护身栏杆。架体由承力构架支承，并通过附着装置与工程结构连接。所以，附着式升降脚手架的组成应包括架体结构、附着支承装置、提升机构和设备、安全装置和控制系统几个部分。

图 4-36 电动环链葫芦

附着式升降脚手架属侧向支承的悬空脚手架，架体的全部荷载通过附着支承传给工程结构承受。其荷载传递方式为：架体的竖向荷载传给水平梁架，水平梁架以竖向主框架为支座，竖向主框架承受水平梁架的传力及主框架自身荷载，主框架荷载通过附着支承结构传给建筑结构。

1. 架体结构

由竖向主框架、水平梁架和架体板构成，如图 4-37 所示。

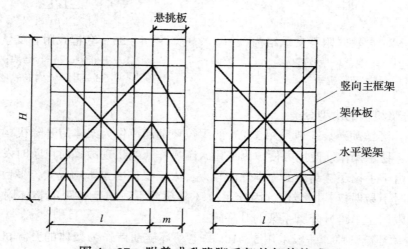

图 4-37 附着式升降脚手架的架体构成

H—竖向主框架高度；l—水平框架长度；m—悬挑板长度

（1）竖向主框架。竖向主框架是脚手架的重要构件，它构成架体结构的边框架，与附着支承装置连接，并将架体荷载传给工程主体结构。带导轨架体的导轨一般都设计为竖向主框架的内侧立杆。竖向主框架可做成单片框架或格构式框架，必须是刚性的框架，不允许产生变形，以确保传力的可靠性。所谓刚性，包含两方面：一是组成框架的杆件必须有足够的强度、刚度；二是杆件的节点必须是刚性，受力过程中杆件的角度不变化。

采用扣件连接组成的杆件节点是半刚性、半铰接的，荷载超过一定数值时，杆件可产生转动，所以规定支撑框架与主框架不允许采用扣件连接，必须采用焊接或螺栓连接的加强的定型框架，并与水平梁架和架体构造成整体作用，以提高架体结构的稳定性。

（2）水平梁架。水平梁架一般设于底部，承受架体板传下来的架体荷载，并将其传给竖向主框架。水平梁架的设置也是加强架体的整体性和刚度的重要措施，因而要求采用定型焊接或组装的型钢桁架结构，不准采用钢管扣件连接。当用定型桁架不能连续设置时，局部可用脚手管连接，但其长度不大于2m，并且必须采取加强措施，确保其连接刚度和强度不低于桁架梁式结构。

里外两片相邻水平梁架的上下弦两端应加设水平剪刀撑，以增加整体刚度。

主框架、水平梁架各节点中，各杆件轴线应汇交于一点。

水平梁架与主框架连接方式的构造设计，应考虑当主框架之间出现升降差时，在连接处产生的次应力，故连接处应有一定倾斜变形调整能力。

架体立杆应直接作用于水平梁架上弦各节点上，进行可靠连接不得悬空。当水平梁架采用焊接桁架片组装时，其竖杆宜采用 $\phi48\mathrm{mm}\times3.5\mathrm{mm}$ 钢管并伸出其上弦杆，相邻竖杆的伸出长度应相差不小于500mm，以便向上接架体板的立杆，使水平梁架和架体板形成整体。

（3）架体板。除竖向主框架和水平梁架的其余架体部分称为"架体板"，在承受风侧等水平荷载（侧力）作用时，它相当于两端支承于竖向主框架之上的一块板，同时也避免与整个架体相混淆。

架体结构在以下部位应采取可靠的加强构造措施：

1）与附着支承结构的连接处。

2）架体上，升降机构的设置处。

3）架体上，防倾、防坠装置的设置处。

4）架体吊拉点设置处。

5）架体平面的转角处。

6）架体因碰到塔吊、施工电梯、物料平台等设施而需要断开或开洞处。

7）其他有加强要求的部位。

2. 附着支承

附着支承是附着式升降脚手架的主要承载传力装置。附着式升降脚手架在升降和到位后的使用过程中，都是靠附着支承附着于工程结构上来实现其稳定的。附着支承有三个作用：可靠地承受和传递架体荷载，把主框架上的荷载可靠地传给工程结构；保证架体稳定地附着在工程结构上，确保施工安全；满足提升、防倾、防坠装置的要求，包括能承受坠落时的冲击荷载。

附着支承的形式主要有挑梁式、拉杆式、导轨式、导座（或支座、锚固件）和套框（管）等5种，并可根据需要组合使用。为了确保架体在升降时处于稳定状态，避免晃动和抵抗倾覆作用，要求达到以下两项要求：

附着支承与工程结构每个楼层都必须设连接点，架体主框架沿竖向侧，架体在任何状态（使用、上升或下降）下，确保架体竖向主框架能够单独承受该跨全部设计荷载和防止坠落与倾覆作用的附着支承构造均不得少于两套。支承构造应拆装顺利，上下、前后、左右三个方向应具有对施工误差可以调节的措施，以避免出现过大的安装应力和变形。

必须设置防倾装置，即在采用非导轨或非导座附着方式（其导轨或导座既起支承和导向作用，也起防倾作用）时，必须另外附设防倾导杆。而挑梁式和吊拉式附着支承构造，在加设防倾导轨后，就变成了挑轨式和吊轨式。

附着支承或钢挑梁与工程结构的连接质量必须符合设计要求。做到严密、平整、牢固；对预埋件或预留孔应按照节点大样图做法及位置逐一进行检查，并绘制分层检测平面图，记录各层各点的检查结果和加固措施。当起用附墙支承或钢挑梁时，其设置处混凝土强度等级应有强度报告符合设计规定，并不得小于C10。由于上附着支承点处混凝土强度较低，在设计时应考虑有足够的支承面积，以保证传载的要求。

钢挑梁的选材、制作与焊接质量均按设计要求。联结螺栓不能使用板牙套制的三角形断面螺纹螺栓，必须使用梯形螺纹螺栓，以保证螺纹的受力性能，并用双螺母紧固。螺栓与混凝土之间垫板的尺寸按计算确定，并使垫板与混凝土表面接触严密。

预留孔或预埋件应垂直于表面，其中心误差应小于15mm。附着支承结构采用普通穿墙螺栓与工程结构连接时，应采用双螺母固定，螺杆露出螺母不少于3扣，垫板应经设计并不小于 $80mm \times 80mm \times 8mm$。当附着点采用单根穿墙螺栓锚固时，应具有防止扭转的措施。严禁少装螺栓和使用不合格螺栓

3. 提升机构和设备

目前脚手架的升降装置有四种：手动葫芦、电动葫芦、专用卷扬机、穿芯液压千斤顶。电动葫芦是最常用的，由于手动葫芦是按单个使用设计的，不能群体使用，所以当使用三个或三个以上的葫芦群吊时，手动葫芦操作无法实现同步工作，容易导致事故的发生，故规定使用手动葫芦最多只能同时使用两个吊点的单跨脚手架的升降，因为两个吊点的同步问题相对比较容易控制。

按规定，升降必须有同步装置控制。分析附着式升降脚手架的事故，不管起初原因是什么，最终大多是由于架体升降过程中吊点不同步，偏差过大，提升机受力不一致造成的。所以同步装置是附着式升降脚手架最关键性的装置，它可以预见隐患，及早采取预防措施防止事故发生。可以说，设置防坠装置是属于保险装置，而设置同步装置则是主动的安全装置。当脚手架的整体安全度足够时，关键就是控制平稳升降，不发生意外超载。

同步升降装置应该具备自动显示、自动报警和自动停机功能。操作人员随时可以看到各吊点显示的数据，为升降作业的安全提供可靠保障。同步装置应从保证架体同步升降和监控升降荷载的双控方法来保证架体升降的同步性，即通过控制各吊点的升降差和承载力两个方面进行控制，来达到升降的同步避免发生超载。升降时控制各吊点同步差在3cm

以内；吊点的承载力应控制在额定承载力的 80%。当实际承载力达到和超过额定承载力的 80% 时，该吊点应自动停止升降，防止发生超载。

4. 安全装置和控制系统

附着式升降脚手架的安全装置包括防坠和防倾装置。为防止脚手架在升降情况下发生断绳、折轴等故障造成坠落事故和保障在升降情况下，脚手架不发生倾斜、晃动，必须设置防倾斜和防坠落装置。

（1）防倾斜装置。防倾斜装置采用防倾导轨及其他适合的控制架体水平位移的构造。为了防止架体在升降过程中，发生过度的晃动和倾覆，必须在架体每侧沿竖向设置 2 个以上附着支承和升降轨道，以控制架体的晃动不大于架体全高的 1/200 和不超过 60mm。防倾斜装置必须具有可靠的刚度，必须与竖向主框架、附着支承结构或工程结构做可靠联结，连接方法可采用螺栓联结，不准采用钢管扣件或碗扣联结。竖向两处防倾斜装置之间距离不能小于 1/3 架体全高，控制架体升降过程中的倾斜度和晃动的程度，在两个方向（前后、左右）均不超过 3cm。防倾斜装置轨道与导向装置间隙应小于 5mm，在架体升降过程中始终保持水平约束，确保升降状态的稳定和安全不倾翻。

（2）防坠落装置。防坠落装置是为防止架体坠落的装置，即在升降或使用过程中一旦因断链（绳）等造成架体坠落时，能立即动作，及时将架体制停在附着支承或其他可靠支承结构上，避免发生伤亡事故。防坠装置的制动有棘轮棘爪、楔块斜面自锁、摩擦轮斜面自锁、模块套管、偏心凸轮、摆针等多种类型，如图 4-38 所示。

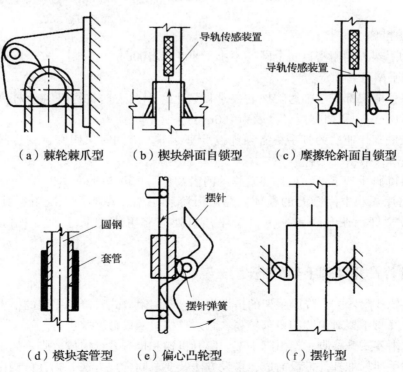

（a）棘轮棘爪型　　（b）楔块斜面自锁型　　（c）摩擦轮斜面自锁型

（d）模块套管型　　（e）偏心凸轮型　　（f）摆针型

图 4-38　防坠装置的制动类型示意图

防坠落装置必须灵敏可靠，应该确保从架体发生坠落开始，至架体被制动住的时间不超过 3s，在制动时间内坠落距离不大于 150mm（整体提升制动距离不大于 80mm）。防坠装置必须设置在主框架部位，由于主框架是架体的主要受力结构，又与附着支承相连，这样就可以把制动荷载及时传给工程结构承受。同时还规定了防坠装置最后应通过两处以上的附着支承（每一附着支承结构均能承担坠落荷载）向工程结构传力，主要是防止当其中有一处附着支撑有问题时，另一处还可以作为传力保障。

防坠装置必须在施工现场进行足够次数（100～150 次）的坠落试验，以确认抗疲劳性及可靠度符合要求。

5．脚手板

（1）附着式升降脚手架为定型架体，故脚手板应按每层架体间距合理铺设，铺满铺严，无探头板并与架体固定绑牢。有钢丝绳穿过处的脚手板，其孔洞应规则，不能留有过大洞口。人员上下各作业层应设专用通道和扶梯。

（2）架体升降时，底层脚手板设置可折起的翻板构造，保持架体底层脚手板与建筑物表面在升降和正常使用中的间隙，作业时必须封严，防止物料坠落。

（3）脚手架板材质量符合要求，应使用厚度不小于 5cm 的木板或专用钢制板网，不准用竹脚手板。

6．物料平台

物料平台应单独设置，将其荷载独立地传递给工程结构。平台各杆件不得以任何形式与附着升降脚手架相连接，物料平台所在跨的附着升降脚手架应单独升降，采取加强措施。

7．防护措施

（1）脚手架外侧用密目安全网（不小于 800 目/100cm²）封闭，安全网的搭接处必须严密并与脚手架可靠固定。

（2）各作业层都应按临边防护的要求设置上、下两道防护栏杆（上杆高度为 1.2m，下杆高度为 0.6m）和挡脚板（高度为 180mm）。

（3）最底部作业层的脚手板必须铺设严密，下方应同时采用密目安全网及平网挂牢封严，防止落人落物。

（4）升降脚手架下部、上部建筑物的门窗及孔洞，也应进行封闭。

（5）单片式和中间断开的整体式附着升降脚手架，在使用工况下，其断开处必须封闭并加设栏杆；在升降工况下，架体开口处应有可靠的防止人员及物料坠落的措施。

4.4.3　附着式升降脚手架的搭设

现以导轨式附着式升降脚手架的搭设为例，介绍附着式升降脚手架的搭设过程。导轨式附着式升降脚手架对组装的要求较高，必须严格按照设计要求进行。

导轨式附着式升降脚手架由脚手架、爬升机构和提升系统组成。脚手架用碗扣式或扣件式钢管脚手架标准杆件搭设而成，搭设方法及要求同常规方法。爬升机构由导轨、导轮组、提升滑轮组、提升挂座、连墙支杆、连墙支座杆、连墙挂板、限位锁、限位锁挡块及斜拉钢丝绳等定型构件组成。提升系统可用手拉或电动葫芦提升。

1. 脚手架搭设准备工作

附着升降脚手架搭设前应做好以下准备工作：

（1）按设计要求备齐设备、构件、材料，在现场分类堆放，所需材料必须符合质量标准。

（2）组织操作人员学习有关技术和安全规程，熟悉设计图样及各种设备的性能，掌握技术要领和工作原理，对施工人员进行技术交底和安全交底。

（3）电动葫芦必须逐台检验，按机位编号，电控柜和电动葫芦应按要求全部接通电源进行系统检查。

2. 脚手架搭设顺序

附着式升降脚手架的搭设顺序为：

搭设操作平台→搭设底部架→搭设上部脚手架→安装导轨→在建筑物上安装连墙挂板、支杆和支杆座→安提升挂座→装提升葫芦→装斜拉钢丝绳→装限位锁→装电控操作台（仅电动葫芦用）。

3. 脚手架搭设技术要点

附着式升降脚手架的搭设应在操作工作平台上进行搭设组装。工作平台面低于楼面 300~400mm。高空操作时，平台应有防护措施。其操作要点如下：

（1）选择安装起始点、安放提升滑轮组并搭设底部架子。脚手架安装的起始点一般选在附着式升降脚手架的提升机构位置不需要调整的地方。

安放提升滑轮组，并与架子中与导轨位置相对应的立杆联结，并以此立杆为准向一侧或两侧依次搭设底部架。

脚手架的步距是 1.8m，最低一步架横杆步距为 600mm，或者用钢管扣件增设纵向水平横杆并设纵向水平剪刀撑以增强脚手架承载能力。跨距不大于 1.85m，宽度不大于 1.25m。组装高度宜为 3.5~4.5 倍楼层高。爬升机构水平间距宜在 7.4m 以内，在拐角处适当加密。

与提升滑轮组相连（即与导轨位置相对应）的立杆一般是位于脚手架端部的第二根立杆，此处要设置从底到顶的横向斜杆。

底部架搭设后，对架子应进行检查、调整。要求：横杆的水平度偏差不大于 $l/400$（l 为脚手架纵向长度）；立杆的垂直度偏差小于 $H/500$（H 为脚手架高度）；脚手架的纵向直线度偏差小于 $l/200$。

（2）脚手架架体搭设。以底部架为基础，配合工程施工进度搭设上部脚手架。

与导轨位置相对应的横向承力框架内沿全高设置横向斜杆，在脚手架外侧沿全高设置剪刀撑；在脚手架内侧安装爬升机械的两立杆之间设置横向斜撑，如图 4-39 所示。

脚手板、扶手杆除按常规要求铺放外，底层脚手板必须用木脚手板或者用无网眼的钢脚手板密铺，并要求横向铺至建筑物外墙，不留间隙。

脚手架外侧满挂安全网，并从脚手架底部兜过来固定在建筑物上。

（3）安装导轮组、导轨。在脚手架架体与导轨相对应的两根立杆上，各上、下安装两组导轮组，然后将导轨插进导轮和提升滑轮组下（图 4-40）的导孔中，如图 4-41 所示。

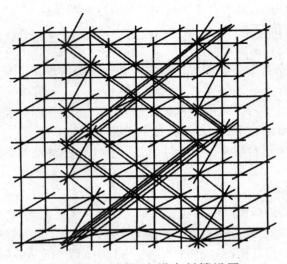

图4-39　框架内横向斜撑设置

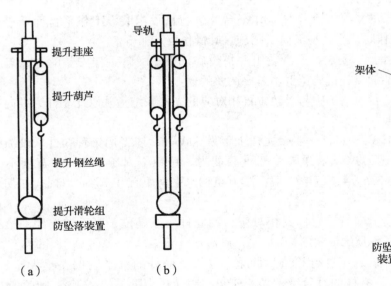

图4-40　提升机构　　　　　图4-41　导轨与架体连接

在建筑物结构上安装连墙挂板、连墙支杆、连墙支座杆，再将导轨与连墙支座联结，如图4-42所示。

当脚手架（支架）搭设到两层楼高时即可安装导轨，导轨底部应低于支架1.5m左右，每根导轨上相同的数字应处于同一水平上。每根导轨长度固定，有3.0m、2.8m、2.0m、0.9m等几种，可竖向接长。

两根连墙杆之间的夹角宜控制在45°～150°范围内，用调整连墙杆的长短来调整导轨的垂直度，偏差控制在$H/400$以内。

（4）安装提升挂座、提升葫芦、斜拉钢丝绳、限位器。将提升挂座安装在导轨上

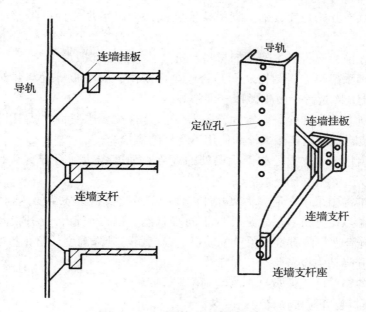

图 4 – 42　导轨与结构连接

（上面一组导轮组下的位置），再将提升葫芦挂在提升挂座上。
当提升挂座两侧各挂一个提升葫芦时，架子高度可取 3.5 倍楼
层高，导轨选用 4 倍楼层高，上下导轨之间的净距离应大于 1
倍楼层加 2.5m；当提升挂座两侧的一侧挂提升葫芦，另一侧
挂钢丝绳时，架子高度可取 4.5 倍楼层高，导轨选用 5 倍楼层
高，上下导轨之间的净距应大于 2 倍楼层高加 1.8m。

钢丝绳下端固定在支架立杆的下碗扣底部，上端用花篮螺
栓固定在连墙挂板上，挂好后将钢丝绳拉紧，如图 4 – 43 所
示。

若采用电动葫芦则在脚手架上搭设电控柜操作台，并将电
缆线布置到每个提升点，与电动葫芦连接好（注意留足电缆线
长度）。

限位锁固定在导轨上，并在支架立杆的主节点下的碗扣底
部安装限位锁夹。

导轨式附着式升降脚手架允许三层同时作业，每层作业荷
载为 $20kN/m^2$。每次升降高度为一个楼层。

4. 附着升降脚手架检查与验收

附着升降脚手架所用各种材料、工具和设备，应具备质量
合格证、材质单等质量文件。使用前应按相关规定对其进行检
验。不合格产品严禁投入使用。

附着式升降脚手架在使用过程中，每升降一层都要进行一
次全面检查，主要检查如下内容：

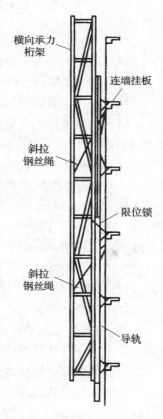

图 4 – 43　限位锁设置

（1）升降操作开始之前，确认脚手架已验收，提出不足之处已经整改，有验收合格手续。

（2）升降之前，应将脚手架上的材料、机具、人员全部撤走。

（3）确定脚手架与工程结构之间是否已全部脱离，脚手板等处与建筑物之间已留出升降空隙，防止升降过程中发生碰撞、刮蹭等。

（4）检查所有节点螺栓是否紧固，附着支承是否按要求紧固，提升设备承力架是否调平，严禁少装附着固定连接螺栓和使用不合格的螺栓。

（5）准备启用附着支撑处或钢挑梁处的混凝土强度应达到附着支承对其附加荷载的要求，预埋件或预留孔位置要求准确。

（6）架体结构中采用普通脚手架杆件搭设的部分，其搭设质量要达到要求。

（7）检查各点提升机具吊索是否处于同步状态，以保证每台提升机具状况良好。提升设备的绳、链有无扭曲翻链现象。电动机电缆已留够升降高度，防止拉断电缆。

（8）检查升降动力设备是否正常工作。

（9）检查各岗位施工人员是否落实到位。

（10）防倾斜装置应按设计要求安装。

（11）防坠装置应检查其灵敏度、可靠性。

（12）各种安全防护设施齐备并符合设计要求。分段提升的脚手架，两端敞开处已用密目网封闭。

（13）电源、电缆及控制柜等的设置应符合用电安全的相关规定。

（14）附着升降脚手架的施工区域应有防雷措施。

（15）附着升降脚手架应设置必要的消防及照明设施。

（16）动力设备、控制设备、防坠装置等应有防雨、防砸、防尘等措施。

（17）同时使用的升降动力设备、同步与荷载控制系统以及防坠装置等专项设备，应分别采用同一厂家、同一规格型号的产品。

（18）其他需要检查的项目。

5. 附着升降脚手架维护与保养

（1）附着升降脚手架在使用过程中，应每月对架体进行全面安全状况检查，不合格部位应立即改正。其中检查内容包括：

1）所有连接件的安装是否符合设计规定，有无松动、缺漏。

2）钢结构桁架以及采用普通脚手架杆件搭设的部分，其搭设质量是否符合要求，结构件或材料是否有损坏、锈蚀。

3）各安全防护设施有否损坏、缺漏。

（2）升降脚手架停用超过1个月或遇6级以上大风后复工时，应检查以下项目：

1）架体上各连接处的连接件是否拧紧。

2）架体附墙拉结杆的固定情况，如有松动应及时紧固。

3）所有安全防护设施是否齐全。

（3）工程结束后，应对架体结构件进行全面检查，如清除结构件表面的水泥、砂浆等杂物，并涂刷油漆。如果架体竖向主框架、架体水平梁架等结构件出现严重弯曲，或焊接件严重变形且无法修复，或结构件严重锈蚀等，应予以报废。

4.4.4 附着式升降脚手架的拆除

1. 附着升降脚手架拆除原则

（1）架体拆除顺序为先搭后拆，后搭先拆。

（2）拆除架体各步时应逐步进行拆除，不得同时拆除 2 步以上。每步上铺设的竹笆脚手板或木脚手板以及架体外侧的安全网应随架体逐层拆除，使操作人员有一个相对安全的操作条件。

（3）架体上的附墙拉结杆应随架体逐层拆除，严禁同时拆除多层附墙拉结杆。

（4）拆架使用的工具应使用尼龙绳系在安全带的腰带上，防止工具高空坠落伤人。

（5）各杆件或零部件在拆除时，应用绳索捆扎牢固，缓慢放至地面或楼面，不得抛掷脚手架上的各种材料及工具。

（6）拆下的结构件和杆件应分类堆放并及时运出施工现场，集中进行清理和保养，以备重复使用。

2. 附着升降脚手架架体拆除施工准备

（1）制订方案。根据施工组织设计和附着升降脚手架专项施工方案，结合拆除现场的实际情况，有针对性地编制脚手架拆除方案，对人员组织、拆除步骤、安全技术措施提出详细的要求。拆除方案必须经脚手架施工单位安全、技术主管部门审批后方可实施。

（2）方案交底。方案审批后，由施工单位技术负责人和脚手架项目负责人对操作人员进行拆除工作的安全技术进行交底。

（3）清理现场。拆除工作开始前，应清理架体上堆放的材料、工具和杂物，清理拆除现场周围的障碍物。

（4）人员组织。施工单位应组织足够的操作人员参加架体拆除工作。一般拆除附着升降脚手架需要 6~8 人配合操作，其中应有 1 名负责人指挥并监督检查安全操作规程的执行情况，架体上至少安排 5~6 人拆除，1 人负责拆除区域的安全警戒。

3. 附着升降脚手架架体拆除施工要点

（1）升降脚手架的拆除工作应按专项施工方案及安全操作规程的相关要求完成。

（2）在拆除工作开展前，应由该升降脚手架项目负责人组织施工人员进行岗位职责分工，定员定岗操作，不得随意调换人员。

（3）上架施工人员应按规定佩带各种必需的安全用品，能正确使用。

（4）在拆除过程中，架体周围应设置警戒区，派专人监管。

（5）架体上的材料、垃圾等杂物应及时清理至楼内，严禁向下抛撒。

（6）自上而下按顺序拆除栏杆、竹笆脚手板、剪刀撑以及大小横杆。

（7）架体竖向主框架同时随架体逐层拆除，注意结构件吊运时的牢靠性，及时收集螺栓、销等连接件。

（8）附着升降脚手架在建筑物顶层拆除时，应在架体水平梁架的底部搭设悬挑支撑平台，并有保障拆架施工人员安全操作的防护措施。按各类型架体水平梁架的设计要求逐段拆除水平梁架、承力架及下道附着支承结构（即架体固定使用工况下的附着支承结构）。

4.4.5 附着式升降脚手架的安全技术

(1) 操作人员必须经过专业培训。脚手架组装前，应根据专项施工组织设计要求，配备合格人员，明确岗位职责。对所有材料、工具和设备进行检验，不合格的产品严禁投入使用。

(2) 脚手架组装完毕，必须对各项安全保险装置、电气控制装置、升降动力设备、同步及荷载控制系统，附着支承点的连接件等进行仔细检查，在工程结构混凝土强度达到承载强度后，方可进行升降操作。

(3) 升降操作前应解除所有妨碍架体升降的障碍和约束。升降时，严禁操作人员停留在架体上。特殊情况需要上人的，必须采取有效安全防护措施。

(4) 正在升降的脚手架下方严禁人员进入。升降时应设置安全警戒线，并设专人监护。如遇雨、雪、雷电等恶劣天气和五级以上大风天气，不应进行升降，夜间禁止升降作业。

(5) 升降过程中，监护人员必须提高责任心，发现任何异常、异声及障碍物等，应立即停止，排除异常后，方可继续操作。

(6) 脚手架升降到架体固定后，必须对附着支承和架体的固定、螺栓连接、碗扣和扣件、安全防护等进行检查，确认符合要求后，方可交付使用。

(7) 严禁利用架体吊运物体，不得在架体上拉结吊装缆绳和推车，不得利用架体支顶模板。卸料平台不得和架体连在一起。

(8) 严禁任意拆除结构构件或松动连接件，严禁拆除或移动架体上的安全防护设施。

(9) 脚手架在使用过程中应每月进行一次全面检查。停用超过一个月时，应采用加固措施。

(10) 脚手架的拆除必须按专项施工组织设计进行，拆除时严禁抛掷物件，拆下的材料及设备应及时检修保养，不符合设计要求的必须予以报废。

附着升降脚手架的报废标准如下：

(1) 焊接件严重变形或严重锈蚀时即应予以报废。

(2) 穿墙螺栓与螺母在使用1个单体工程后、严重变形、严重磨损或严重锈蚀时即应予以报废；其余螺纹连接件在使用2个单体工程后、严重变形、严重磨损或严重锈蚀时即应予以报废。

(3) 动力设备一般部件损坏后允许进行更换维修，但主要部件损坏后应予以报废。

(4) 防坠装置的部件有明显变形时应予以报废，其弹簧件使用1个单体工程后应予以更换。

5 其他脚手架的搭拆

5.1 木脚手架

5.1.1 木脚手架的构造

木脚手架是由许多纵横木杆，用铅丝绑扎而成。主要杆件有立杆、大横杆、小横杆、斜撑、抛撑、十字撑等，如图5-1所示。木杆常用剥皮杉杆，缺乏杉杆时，也可用其他质轻而强度较高的木料。杨木、柳木、桦木、油松和其他腐朽、折裂，以及有枯节的木杆不能使用。木脚手架的构造参数见表5-1。

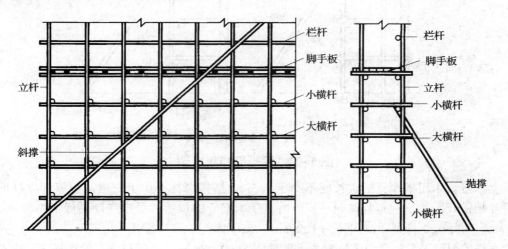

图5-1　木脚手架

表5-1　木脚手架的构造参数（m）

架子构造形式		砌　　筑		装　　修	
		单排	双排	单排	双排
里立杆离墙面的距离		—	0.5	—	0.5
立杆间距	横向	—	1.0~1.5	—	1.0~1.5
	纵向	1.5~1.8	1.5~1.8	2	2
操作层小横杆间距		≤1.0	≤1.0	1.0	1.0
大横杆步距		1.2~1.4	1.2~1.4	1.6~1.8	1.6~1.8
小横杆挑向墙面的悬臂		—	0.4~0.45	—	0.35~0.45

木脚手架的构造作法：

1. 立杆

它是主要的受力杆件，因此要求有足够的断面，其有效部分小头直径不能小于7cm。立杆可以采用双排架和单排架两种形式，如图5-2所示。

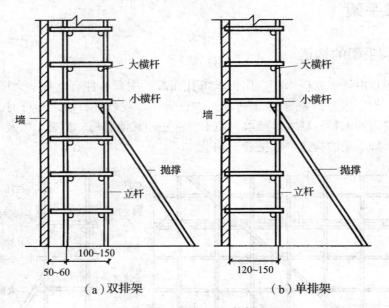

（a）双排架 （b）单排架

图5-2 双排架和单排架

立杆接长采用搭接，搭接长度不小于1.5m，搭接绑扎不少于三道。相邻两立杆的接头要互相错开，并不应布置在同一步距内。在木架子的顶部，里排立杆要低于屋檐400~500mm，而外面立杆则要高出屋檐1200mm，以便绑扎护身栏杆。

立杆的埋设深度要看土质情况，一般埋深为40~80cm，并要夯实，如遇松土，立杆底应用砖或石块铺垫，四周再用碎砖、石子夯实。脚手架使用期如要超过一年以上，应将立杆埋入土中的部分，刷上防腐剂（如沥青等）。地面为混凝土或石层无法挖坑时，应沿立杆底加绑扫地杆，如图5-3所示。

2. 大横杆

大横杆的作用是与立杆联结成整体，将脚手板上的荷载，传递到立杆上，因此必须具有足够的断面和强度，其有效部分的小头直径不得小于8cm。大横杆的上下间距，按脚手架的用途不同而异。对于砌砖用的架子，一般为1.0~1.3m。墙厚为12~24cm时，大横杆间距取1.3m为宜；墙厚为37cm时，则取1.2m为宜。对于粉刷用的架子，根据操作需要，大横杆间距可以增至1.5m左右。大横杆可以绑在立杆里面，也可绑在立杆外面。

大横杆的接头部分应大小头搭接，搭接长度应不小于

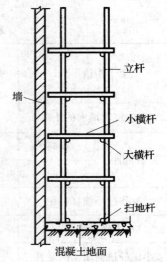

图5-3 扫地杆的布置

1.5m，绑扎不少于三道，小头压在大头上面，并要求相邻两步大横杆的大头朝向互相交错，即第一步大头向左，第二步大头则向右。同一步距中，里、外排大横杆的接头不宜布置在同一跨内，而且相邻两步的大横杆接头也应错开，如图5-4所示。

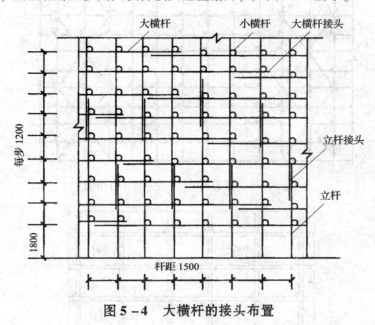

图5-4 大横杆的接头布置

3. 小横杆

小横杆的有效部分小头直径不小于80mm，布置的间距不大于1m。长度应在2m以上，搁置在大横杆上的伸出长度不小于300mm。单排架的小横杆搁入墙内的长度应不小于240mm，而且要在杆端下边垫一块干砖，以便拆架时，杆子容易抽出。当小横杆在门窗洞口时，不应直接搁置在门窗樘上，而应在门窗洞口的外侧，另加大横杆及立杆与小横杆绑扎。

为了保持门窗洞口四周砌体的完整，小横杆插入处，应距洞边240mm以上。砌筑18墙、空斗墙、土坯墙时不要用单排架，因为在这些墙体内留置脚手眼，往往影响砌体的质量和强度。高度在15m以上的建筑，也不宜采用单排架，因为单排架过高，本身不稳固，容易倾倒。

4. 横杆、立杆节点关系

大横杆应绑扎在立杆内侧，这样可缩短小横杆的跨距，且便于立杆接长和绑扎剪刀撑操作。

5. 剪刀撑

剪刀撑（十字撑）主要是加强架子的整体稳定性。小头直径应不小于70mm，搭设时，每档宽度应占两个跨间，从下到上连续设置，各档净距不大于7根立杆。剪刀撑斜杆与地面成45°~60°与相交的立杆绑扎，如图5-5所示。

脚手架在大门等处需要留出通道时，通道部分的立杆应从第二步绑起，立杆底端绑在大横杆上，此处大横杆应适当加大断面。为了分担上层荷载，在通道两旁要绑上八字斜撑，这样就可使悬空立杆的一部分荷载通过斜撑传到地面上去，如图5-6所示。

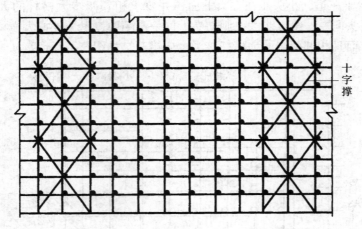

图 5 – 5 剪刀撑（十字撑）的布置

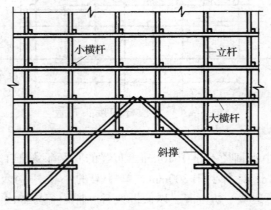

图 5 – 6 通道处架子构造

6. 斜撑

与地面成倾斜角度，并紧贴脚手架垂直面的斜杆称为斜撑，其小头直径应不小于7cm。斜撑主要设在脚手架拐角处，其作用是防止架子沿纵长方向倾斜。斜撑与地面约成45°，底脚距立杆约70cm，埋入土中深度不小于30cm。大横杆绑在立杆里面时，斜撑绑在外排立杆的外面，大横杆绑在立杆外面时，则斜撑应绑在外排立杆里面，如图5 – 7所示。

7. 抛撑

抛撑主要作用是防止架子向外倾斜。架高三步以上必须设置。用小头直径不小于70mm的杉篙支设。通常设在两档剪刀撑之间。抛撑与地面夹角约为60°，抛撑要埋入土中300～500mm。如地面坚硬，不便埋设，则绑扎扫地杆。扫地杆一端与抛撑绑扎，另一端穿墙与墙脚处的横杆绑扎，如图5 – 8（a）所示。

8. 连墙件构造

连墙件的设置方法有多种（详见扣件式钢管脚手架）。如图5 – 8（b）所示是双股8号铁丝绑扎、小横杆顶墙的做法。拉接处应每隔两步、三个跨间设置一道，并将小横杆中的延长部分作为连墙杆，顶住墙面。

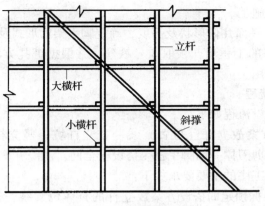

图 5 – 7　斜撑的布置

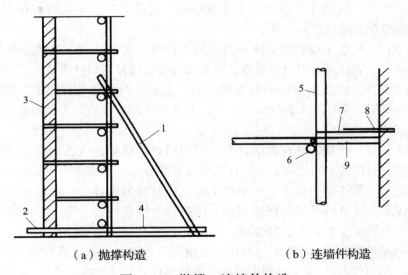

（a）抛撑构造　　　　　　（b）连墙件构造

图 5 – 8　抛撑、连墙件构造

1—抛撑；2—横杆；3—墙；4—扫地杆；5—立杆；6—大横杆；

7—铁丝；8—钢丝环；9—小横杆

9. 护身栏与挡脚板

对于 2m 以上的脚手架，每步架子都要绑一道护身栏和高度为 180mm 的挡脚板。

10. 脚手架顶端的要求

当脚手架搭设到收顶时，里排立杆应低于檐口 400～500mm，如果是平屋顶，立杆必须超过女儿墙 1m；如果是坡屋顶，立杆必须超过檐口 1.5m。并且从最上层脚手板到立杆顶端要绑两道护身栏和立挂安全网，安全网的下口必须封绑牢固，以保证人身安全。

5.1.2　木脚手架的搭设

1. 木脚手架搭设施工准备

（1）将施工现场的障碍物清理干净，并夯实搭设脚手架范围内的回填土。

（2）按照脚手架的构造要求、用料规格等进行用料的合理选择与分类，并运至现场分类堆放，以便于顺利施工。

（3）根据建筑物的平面几何形状及高度，确定脚手架的形式及位置。

（4）根据已计算好的工程量，领取 8 号铁丝，并根据绑扎方法和要求，切断铁丝并弯制成型，运到工地待用。

2. 木脚手架搭设流程

各类木脚手架的搭设流程如下：

根据预定的搭设方案放立杆（位置）线→挖立杆坑→竖立杆→绑大横杆→绑小横杆→绑抛撑→绑斜撑或剪刀撑→铺脚手板→搭设安全网。

木脚手架各道施工工序的主要要求如下：

（1）放立杆线。根据预定的搭设方案放立杆的具体位置线，构造要求立杆的纵向间距为 1.5m，里排立杆离墙面 50~60cm，外排立杆距墙面 2~2.5m。

（2）挖立杆坑。坑的深度要求不小于 500mm，坑的直径大于立杆直径 100mm 左右，这样有利于调整和固定立杆的位置。

（3）竖立杆。先竖里排脚手架两头的立杆，再竖中间的立杆，外排立杆按里排立杆的竖立顺序竖立，立杆纵横方向要垂直，在底部加绑扫地杆后将杆坑填平、夯实。

（4）绑大横杆。绑扎第一步架的大横杆前，应先检查立柱是否埋正、埋牢。绑大横杆时，与第一步架大横杆的大头朝向应一致，上下相邻两步架的大头朝向要相反，以增强脚手架的稳定性。

（5）绑小横杆。小横杆绑在大横杆上，相邻两根小横杆的大头朝向应相反，上下两排小横杆应绑在立柱的不同侧面，小横杆伸出立柱部分长度不得小于 300mm。

（6）绑抛撑。脚手架搭设至三步架以上时，应及时绑抛撑。在此以前脚手架要用临时支撑加以固定，以免脚手架外倾或倒塌。抛撑每 7 根立柱设一道，与地面夹角为 45°，其底脚埋入土内的深度不得小于 300mm。

（7）绑斜撑或剪刀撑。木脚手架绑扎到三步架时必须绑斜撑或剪刀撑。剪刀撑的间距不得超过 7 根立柱的间距，第一道剪刀撑的下端要落地。脚手架高度超过 7m 时，应随搭设设置连墙件，整体脚手架向里倾斜度为 1%，全高倾斜不得大于 150mm，严禁向外倾斜。

（8）铺脚手板。脚手板必须满铺，对头铺设的脚手板，其接头下边应设两根小横杆，脚手板悬空部分不得大于 100mm，严禁铺探头板。搭接铺放的脚手板，接头必须在小横杆上，搭设长度为 200~300mm。

（9）搭设安全网。木脚手架外排立杆内侧，要采用密目式安全网全封闭。

3. 杆件连接与绑扎

（1）绑扎铁丝的弯制。铁丝的断料长度应按照绑扎杆件的粗细和部位确定，一般断料长度为 1.4~1.6m，并将断料从中间弯折成如图 5-9 所示形状，其中间鼻孔的直径通常为 15mm 左右。

（2）木杆的连接和绑扎方法。木脚手架一般有三种绑扎方法：平插法、斜插法和顺扣绑扎法。对木杆不同的连接方式应采取相应的绑扎方法。

1）直交。立杆与纵向水平杆或横向水平杆相交即属直交，这种连接可以采用平插法或斜插法绑扎。

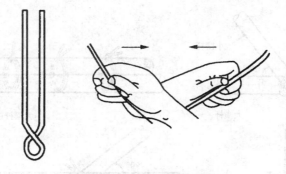

图5-9　铁丝的弯制

①平插绑扎法。将铁丝从立杆的左边或右边卡住大横杆插进去，上股及下股铁丝分别从立杆背后绕过来，铁丝头与鼻孔相交成十字，再用铁钎插进鼻孔中压住铁丝头，拧扭两圈半即可，如图5-10所示。扭的圈数应适当，过多铁丝容易拧断，过少又不易绑紧。

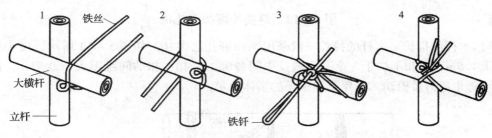

图5-10　平插法绑扎步骤

②斜插绑扎法。将铁丝从大横杆与立杆交角处斜向插进去，上股及下股铁丝分别从立杆背后绕过来，铁丝头在鼻孔左右各压一根，再用铁钎插入鼻孔中，同样拧扭两圈半即可，如图5-11所示。

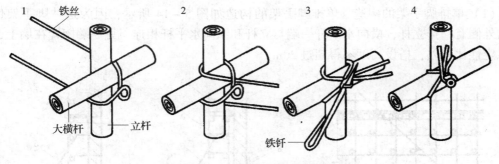

图5-11　斜插法绑扎步骤

2) 斜交。立杆与斜撑和剪刀撑相交即属斜交。木杆的斜交处应采用斜插绑扎法和顺扣绑扎法两种方法。斜插绑扎法与直交连接方式时相同。

顺扣绑扎法如图5-12所示，将铁丝兜绕杆件相交处一圈后，随即将铁钎插进铁丝鼻孔内，左手拉紧铁丝并使其压在鼻孔下，右手用力将铁丝先拧扭半圈，检查并磕敲铁丝与立杆贴合可靠后，再拧扭一圈即可。

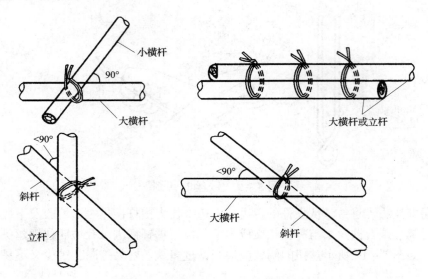

图 5 – 12　斜交处顺扣绑扎法

3）木杆的接长。木杆的接长一般采用顺扣绑扎法绑扎，如图 5 – 13 所示。接头长度不少于 1.5m，绑扣不少于 3 个，两端及中间各绑 1 个扣，扣的间距不大于 0.75m，接长处必须防止弯折及松动，以免影响架子的整体稳定。

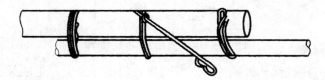

图 5 – 13　木杆接长顺扣绑扎法

4. 单排外脚手架的搭设

（1）单排脚手架的构造。单排脚手架的构造如图 5 – 14 所示，因为这种脚手架仅在结构外侧有一排立杆，横向水平杆一端与立杆和纵向水平杆相连，另一端搁置在墙上，所以稳定性比较差，搭设高度不得超过 20m。

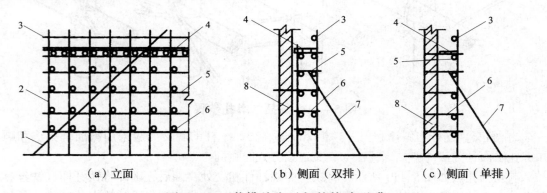

（a）立面　　　　　（b）侧面（双排）　　　　（c）侧面（单排）

图 5 – 14　单排外脚手架的构造形式

1—斜撑；2—立杆；3—栏杆；4—脚手板；5—纵向水平杆；6—横向水平杆；7—抛撑；8—墙身

单排外脚手架不得用于半砖、180mm 厚的砖砌墙体，土坯、轻质空心砖砌墙体，砌筑砂浆强度低于 M1 的砌体。为了搁置横向水平杆，墙上需留脚手眼，这样会削弱墙体的强度。因此为保证墙的整体强度，在下列部位不允许留置脚手眼：

　　1）砖过梁上与梁成 60°的三角形范围内。

　　2）砖柱或宽度小于 740mm 的窗间墙。

　　3）梁及梁垫下及其左右各 370mm 的范围内。

　　4）门窗洞口两侧 240mm 和转角处 420mm 范围内。

　　5）设计图纸上规定不允许留脚手眼的部位。

　　单排脚手架的构造参数见表 5 - 2。

表 5 - 2　单排脚手架的构造参数　（m）

用途	内正杆轴线至墙面距离	立杆间距		作业层横向水平杆间距	纵向水平杆竖向步距
		横距	纵距		
结构架	—	≤1.2	≤1.5	≤0.75	≤1.5
装修架	—	≤1.2	≤2.0	≤1.0	≤1.8

　　（2）单排脚手架的搭设要点及质量要求。

　　1）竖立杆：立杆应大头朝下，上下垂直，垂直度偏差不大于架高的 1/1000，且不得大于 100mm。竖立杆时，应先竖两侧立杆，将立杆纵横方向校垂直以后填平夯实杆坑，然后再竖中间立杆，校正后将杆坑填平夯实。竖其他杆时，以这三根立杆为标准，做到立杆竖直在同一条线上。立杆如有弯曲，上梢弯势应与建筑阳角呈反方向，以免引起上部脚手架向外倾斜。

　　相邻立杆的接长位置应错开一步架，搭接长度应跨两根纵向水平杆，且不得小于 1.5m，搭接部位绑扎不小于三道，相邻两根立杆的搭接位置应错开。

　　2）绑扎纵向水平杆：绑第一道纵向水平杆时，要注意保持立杆的横平竖直，操作人员要听从找平人的指挥，绑扎时拉铁丝切忌用力过猛，以免将立杆拉歪。绑扎第二道纵向水平杆时要注意动作轻巧，上下呼应，找平人员发出绑扎信号后马上绑扎。其他纵向水平杆依次用上述方法绑扎。如遇纵向水平杆有弯曲时，应将凸面向上绑扎，防止脚手架里凸外凹。纵向水平杆的接长部位应位于立杆处，大小头搭接，大头伸出立杆为 200 ～ 300mm，并使小头搭在大头上面。搭接长度不小于 1.5m，上、下纵向水平杆的搭接位置应错开，如图 5 - 15 所示。

　　3）绑扎横向水平杆：在第一步架绑扎纵向水平杆的同时，应绑扎一定数量的横向水平杆，使脚手架有一定的稳定性和整体性。绑扎到 2 ～ 3 步架时，

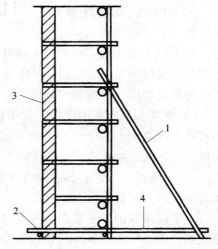

图 5 - 15　抛撑构造
1—抛撑；2—横杆；3—墙；4—扫地杆

应全面绑扎横向水平杆，以增强脚手架的整体性。横向水平杆应绑扎在纵向水平杆上，且大头朝里。

横向水平杆搁置在墙上的长度不得小于240mm，伸出纵向水平杆外的长度不得小于300mm。横向水平杆绑扎好以后，根据施工需要和脚手板的数量，可以铺放1~2步架的脚手板，脚手板应交替使用。

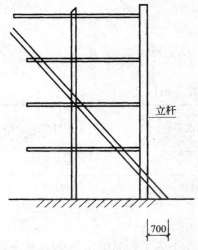

立杆

700

图5-16 剪刀撑或斜撑支地点

4）绑扎抛撑和剪刀撑：脚手架绑扎到三步架时，必须绑扎抛撑和剪刀撑。抛撑设在脚手架外侧拐角处，中部抛撑设在剪刀撑的中部，间距为7根立杆的距离绑扎一道抛撑。抛撑与地面呈60°，底端埋入土中300~500mm，并用回填土在根部四周夯实。如地面坚硬、不便埋设，可绑扎扫地杆，扫地杆一端与抛撑绑扎，另一端穿墙后与墙脚处的横杆绑扎，以保证脚手架不向外倾斜或发生塌架事故。

剪刀撑设置在脚手架的外侧，是与地面成45°~60°的十字交叉杆件。剪刀撑由下至上与脚手架同步搭设，绑扎需牢固。第一步剪刀撑要着地挖坑埋设，支点位置应距离立杆700mm以外，如图5-16所示。

上下两对剪刀撑应互相搭接，搭接位置应位于立杆处。剪刀撑要占两个立杆宽，其间距不应超过7根立杆的间距。剪刀撑本身以及剪刀撑与立杆、纵向水平杆相交处均应绑牢。脚手架纵向长度小于15m或架高小于10m时，可设置斜撑代替剪刀撑，从下向上呈"之"字形连续设置。

5）连墙件的设置：脚手架的搭设高度大于7m时，必须设连墙件。连墙件设在立杆与横杆交点附近，上下排的连墙件应交替布置，沿墙面呈菱形状。两排连墙件的垂直距离为2~3步架高，水平距离不大于4倍的立杆纵距。单排脚手架应在两端端部沿竖向每步架设置一个连墙件。

在混凝土结构墙、柱、过梁等处可预埋$\phi6~\phi8mm$的钢筋环或打胀管螺栓，用双股8号铁丝与立杆绑牢承受拉力，并配合横向水平杆顶住墙面承受压力。砖砌墙体可将横向水平杆穿过连墙件，然后在墙的里、外两侧用短杆加固。

6）护栏和挡脚板的设置：脚手架搭设到两步架以上时，操作层必须设置高1.2m的防护栏杆和高度不小于0.18m的挡脚板，也可以加设一道0.2~0.4m高的低护栏代替挡脚板，以防人、物坠落。

7）特殊部位处理：脚手架搭设遇到门洞、通道时，为保证架体强度不影响通行与运输，应设置八字撑。

八字撑设置的方法是在门洞或过道处拔空1~2根立杆，并将悬空的立杆用斜杆逐根连接到两侧立杆上并绑牢，形成八字撑。斜杆与地面成45°~60°，上部相交于洞口上部2~3步纵向水平杆上，下部埋入土中不少于300mm。洞口处纵向水平杆断开，绑扎拔空立杆的第二步架的纵向水平杆小头直径不得小于120mm。

5．双排外脚手架的搭设

双排外脚手架在结构外侧设双排立柱，稳定性比单排外脚手架好，搭设高度一般不超过24m。

（1）双排外脚手架的构造。双排外脚手架由立杆、纵向水平杆、横向水平杆、斜撑、剪刀撑、抛撑和脚手板等组成，其构造参数见表5－3。

表5－3　双排脚手架构造参数（m）

用途	内正杆轴线至墙面距离	立杆间距		作业层横向水平杆间距	纵向水平杆竖向步距
		横距	纵距		
结构架	≤0.5	≤1.2	≤1.5	≤0.75	≤1.5
装修架	≤0.5	≤1.2	≤2.0	≤1.0	≤1.8

（2）双排外脚手架的搭设要点和质量要求。双排外脚手架的搭设要点和质量要求与单排外脚手架的搭设要点和质量要求基本相同。这里介绍双排外脚手架连墙件的几种设置方式：

1）在混凝土结构墙体、梁、柱等部位，可预埋 ϕ8mm 钢筋环或者打桩管螺栓，然后用8号铁丝双股与立杆拉结，与此同时用短木杆顶住墙面，使连墙件既能够承受拉力，又能够承受压力，如图5－17（a）所示。

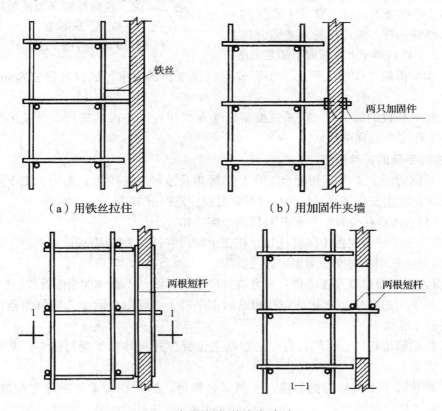

（a）用铁丝拉住　　　　　　　　（b）用加固件夹墙

（c）窗洞处用两根短杆夹墙

图5－17　连墙件与墙的拉接

2）砖砌墙体可以把连墙件的一端穿过墙，在墙的里外用加固件紧固在墙体上，如图5-17（b）所示。

3）在窗洞口处，可以用另外两根短杆将连墙件夹住窗间墙，如图5-17（c）所示。

门窗洞口的处理与单排外脚手架相同，可以设置八字撑。在挑檐和其他凸出部位采用斜杆将脚手架挑出，形成挑脚手架，如图5-18所示。

5.1.3 木脚手架的拆除

1. 木脚手架的拆除要求

（1）脚手架使用完毕之后，要由专业架子工拆除。

（2）拆除区域应设警戒标志，派专人指挥，禁止非作业人员进入警戒区域。

（3）拆除的杆件应用滑轮或者绳索自上而下运送，不得从架子上直接向下随意抛落。

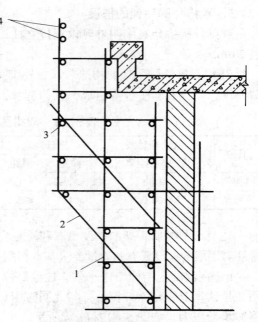

图 5-18 挑檐处脚手架的处理
1—立杆；2—斜杆；
3—横向水平杆；4—护身栏杆

（4）参加拆除工作的人员必须根据安全操作规程的要求，做好各种安全防护工作，方可作业。

（5）特殊搭设的脚手架，应单独编制拆除方案并对拆除人员进行安全技术交底，以确保拆除工作安全顺利进行。

2. 木脚手架的拆除要点

（1）拆除时至少4人互相配合工作，在解扣及落杆时必须思想集中，上下呼应，互相配合，防止发生安全事故。各种杆件拆除时应注意以下事项：

1）立杆：先稳住立杆，再解开最后两个绑扎扣。

2）纵向水平杆：先拆中间绑扎扣，托住中间再解开两头的绑扎扣。

3）抛撑：先用临时支撑加固后，再拆除。

4）剪刀撑、斜撑以及连墙件：只允许分层依次拆除，不得一次全面拆除。

（2）拆下来的杆件，尤其是立杆和纵向水平杆，必须由中间1人顺杆滑落，待下面的人接住后才能松手。

（3）掀翻脚手板时，拆除人员应注意站立位置，并自外向里翻起竖立，避免残留物从高处坠落伤人。

（4）整片脚手架拆除后的斜道、上料平台架等，必须在脚手架拆除之前进行加固，以确保其整体稳定和安全。

（5）当天拆除人员离岗时，应及时加固未拆除部分，以免留下安全隐患。

（6）拆下来的铁丝和杆件不得乱扔，应派人及时搬运及清理，将杉木搬运到指定地点，并根据规格、用途的不同分类堆放整齐。

5.1.4 木脚手架安全施工

1. 安全技术要求

（1）必须按照规范规定和施工方案的要求，制定脚手架施工安全技术措施。

（2）必须由有合格证书的专业架子工人操作，施工时必须按规定佩戴安全帽、安全带，穿防滑鞋。

（3）脚手架与高压线之间的水平和垂直安全间距为：35kV 以上不得小于 6m，10～35kV 不得小于 5m，10kV 以下不得小于 3m。

（4）6 级风以上的大风天气，以及大雾、大雨、大雪天气，不得从事脚手架作业。雨雪后作业必须采取防滑安全措施。

（5）吊、挂、挑脚手架必须按规定严格控制使用荷载，严禁超载，同时必须设置安全绳。挂、吊脚手架须经荷载试验合格后方准使用。

2. 安全措施

（1）高度超过 4m 的脚手架必须按规定设置安全网。

（2）高度超过三步架的脚手架必须设置防护栏杆和挡脚板。斜道、马道、休息平台应设扶手。

（3）脚手架的搭设进度应与结构工程施工进度相配合，不宜一次搭设过高，以免影响架子的稳定，并给其他工序带来麻烦。

（4）脚手架内侧与墙面之间的间隙不应超过 150mm，必须离开墙面设置时，应采取向内挑扩架面措施。

（5）杆件相交挑出的端头应大于 150mm，杆件搭接绑扎点以外的余梢应绑扎固定。

（6）高层建筑脚手架和特种工程脚手架，使用前必须进行严格详细的检查，合格后方可使用。

5.2 竹脚手架

5.2.1 竹脚手架的构造

竹脚手架，在砌筑及粉刷工程中应用很广泛，特别是在南方盛产毛竹的地区。竹脚手架是由竹竿用竹篾绑扎而成的，它的主要杆件有立杆、水平杆、斜撑、抛撑、顶撑等。

《建筑施工竹脚手架安全技术规范》JGJ 254—2011 规定：严禁搭设单排竹脚手架。

（1）双排竹脚手架的构造与搭设应符合下列规定：

1）横向水平杆应设置于纵向水平杆之下，脚手板应铺在纵向水平杆和搁栅上，作业层荷载可由横向水平杆传递给立杆（图 5－19）。

2）横向水平杆应设置于纵向水平杆之上，脚手板应铺在横向水平杆和搁栅上，作业层荷载可由纵向水平杆传递给立杆（图 5－20）。

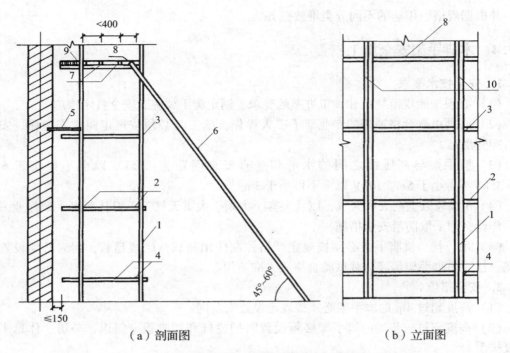

（a）剖面图　　　　　　（b）立面图

图 5－19　竹脚手架构造图（横向水平杆在下时）

1—立杆；2—纵向水平杆；3—横向水平杆；4—扫地杆；5—连墙件；

6—抛撑；7—搁栅；8—竹笆脚手板；9—竹串片脚手板；10—顶撑

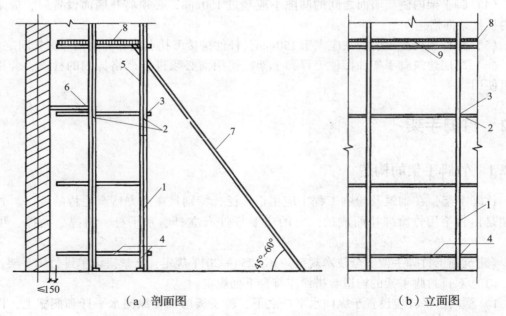

（a）剖面图　　　　　　（b）立面图

图 5－20　竹脚手架的构造图（纵向水平杆在下时）

1—立杆；2—纵向水平杆；3—横向水平杆；4—扫地杆；5—顶撑；

6—连墙件；7—抛撑；8—竹串片脚手板；9—搁栅

（2）竹脚手架的总体构造要求如下：

1）各类杆件使用的竹竿直径不应小于有效直径。竹竿有效直径应符合下列规定：

①立杆、扫地杆、斜撑、抛撑、顶撑和剪刀撑不得小于 75mm。

②纵向及横向水平杆不宜小于 90mm，对直径为 60~90mm 的竹竿，应双杆合并使用。

③搁栅、栏杆不得小于 60mm。

2）连墙件的材料及构造应符合下列规定：

①连墙件应采用可承受拉力和压力的构造，且应同时与内、外杆件连接。

②连墙件应由拉件和顶件组成，并应配合使用。

③拉件可采用 8 号镀锌钢丝或 $\phi 6$ 钢筋，顶件可采用毛竹（图 5-21）；拉件宜水平设置，当不能水平设置时，与脚手架连接的一端应低于与建筑物、构筑物结构连接的一端。顶件应与结构牢固连接。

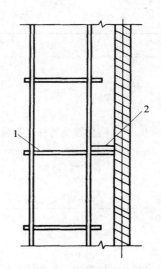

图 5-21　连墙件的构造
1—连墙件；
2—8 号镀锌钢丝或 $\phi 6$ 钢筋

3）连墙件与建筑物、构筑物的连接应牢固，连墙件不得设置在填充墙等部位。

5.2.2　竹脚手架的搭设

1. 构造参数

双排脚手架的搭设高度不超过 24m。双排脚手架应由立杆、纵向水平杆、横向水平杆、连墙件、剪刀撑、斜撑、抛撑、顶撑、扫地杆等杆件组成。架体构造参数应符合表 5-4 的规定。

表 5-4　双排脚手架的构造参数

用途	内立杆至墙面距离（m）	立杆间距（m）		步距（m）	搁栅间距（m）	
		横距	纵距		横向水平杆在下	纵向水平杆在下
结构	≤0.5	≤1.2	1.5~1.8	1.5~1.8	≤0.40	不大于立杆纵距的 1/2
装饰	≤0.5	≤1.0	1.5~1.8	1.5~1.8	≤0.40	不大于立杆纵距的 1/2

2. 绑扎方法

（1）主节点及剪刀撑、斜杆与其他杆件相交的节点应采用对角双斜扣绑扎，其余节点可采用单斜扣绑扎。双斜扣绑扎应符合表 5-5 的规定。

（2）杆件接长处可采用平扣绑扎法；竹篾绑扎时，每道绑扣应采用双竹篾缠绕 4~6 圈，每缠绕 2 圈应收紧一次，两端头应拧成辫结构掖在杆件相交处的缝隙内，并应拉紧，拉结时应避开篾节（图 5-22）。

表 5 – 5　双斜扣绑扎法

步骤	文 字 描 述	图　示
第一步	将竹篾绕竹杆一侧前后斜交绑扎 2 ~ 3 圈	
第二步	竹篾两头分别绕立杆半圈	
第三步	竹篾两头再沿第一步的另一侧相对绕行	
第四步	竹篾相对绕行 2 ~ 3 圈	
第五步	将竹篾两头相交缠绕后，从两竹杆空隙的一端穿入从另一端穿出，并用力拉紧，将竹篾头夹在竹篾与竹杆之中	

　注：1—竹杆；2—绑扎材料。

（3）三根杆件相交的主节点处，相互接触的两杆件应分别绑扎，不得三根杆件共同绑扎一道绑扣。

（4）不得使用多根单圈竹篾绑扎。

（5）绑扎后的节点、接头不得出现松脱现象。施工过程中发现绑扎扣断裂、松脱现象时，应立即重新绑扎。

3. 竹脚手架的搭设顺序

双排竹脚手架的搭设顺序为：确定立杆位置→挖立杆坑→竖立杆→绑纵向水平杆→绑顶撑→绑横向水平杆→铺脚手板→绑栏杆→绑抛撑、斜撑、剪刀撑等→设置连墙件→搭设安全网。

竹脚手架的搭设程序应符合下列规定：

（1）竹脚手架的搭设应与施工进度同步，一次搭设高度不应超过最上层连墙件两步，且自由高度不应大于4m。

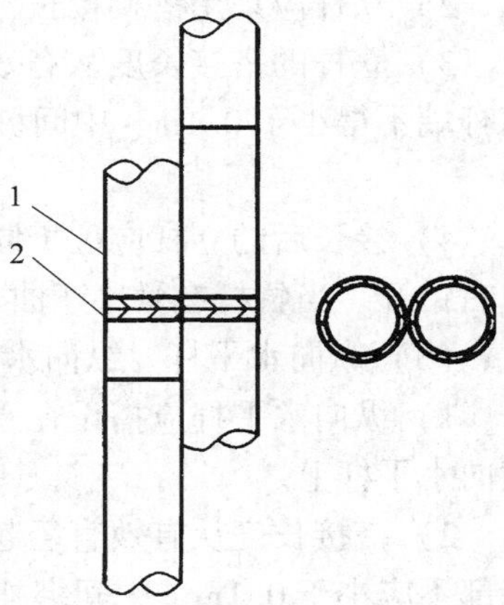

图 5 – 22 平扣绑扎法
1—竹杆；2—绑扎材料

（2）应自下而上按步架设，每搭设完两步架后，应校验立杆的垂直度和水平杆的水平度。

（3）剪刀撑、斜撑、顶撑等加固杆件应随架体同步搭设。

（4）斜道应随架体同步搭设，并应与建筑物、构筑物的结构连接牢固。

（5）竹脚手架沿建筑物、构筑物四周宜形成自封闭结构或与建筑物、构筑物共同形成封闭结构，搭设时应同步升高。

4. 搭设要点和质量要求

（1）地基处理。竹脚手架的立杆、抛撑的地基处理应符合下列规定：

1）当地基土为一、二类土时，应进行翻填、分层夯实处理；在处理后的基础上应放置木垫板，垫板宽度不得小于200mm，厚度不得小于50mm，并应绑扎一道扫地杆；横向扫地杆距垫板上表面不应超过200mm，其上应绑扎纵向扫地杆。

2）当地基土为三类土～五类土时，应将杆件底端埋入土中，立杆埋深不得小于200mm，抛撑埋深不得小于300mm，坑口直径应大于杆件直径100mm，坑底应夯实并垫以木垫板，垫板不得小于200mm×200mm×50mm；埋件时应采用垫板卡紧，回填土应分层夯实，并应高出周围自然地面50mm。

3）当地基土为六类土～八类土或基础为混凝土时，应在杆件底端绑扎一道扫地杆。横向扫地杆距垫板上表面不得超过200mm，应在其上绑扎纵向扫地杆。地基土平整度不满足要求时，应在立杆底部设置木垫板，垫板不得小于200mm×200mm×50mm。

竹脚手架搭设前，应清理、平整搭设场地，并应测放出立杆位置线，垫板安放位置应准确，并应做好排水措施。底层顶撑底端的地面应夯实并设置垫板，垫板不宜小于200mm×200mm×50mm。垫板不得叠放。其他各层顶撑不得设置垫块。

（2）竖立杆。立杆的搭设应符合下列规定：

1）立杆应小头朝上，上下垂直，搭设到建筑物或构筑物顶端时，内立杆应低于女儿墙上皮或檐口0.4～0.5m；外立杆应高出女儿墙上皮1m、檐口1.0～1.2m（平屋顶）或1.5m（坡屋顶），最上一根立杆应小头朝下，并应将多余部分往下错动，使立杆顶平齐。

2）立杆应采用搭接接长，不得采用对接、插接接长。

3）立杆的搭接长度从有效直径起算不得小于 1.5m，绑扎不得少于 5 道，两端绑扎点离杆端不得小于 0.1m，中间绑扎点应均匀设置；相邻立杆的搭接接头应上下错开一个步距。

4）接长后的立杆应位于同一平面内，立杆接头应紧靠横向水平杆，并应沿立杆纵向左右错开。当竹杆有微小弯曲，应使弯曲面朝向脚手架的纵向，且应间隔反向设置。

（3）纵向水平杆。纵向水平杆的构造与搭设应符合下列规定：

1）纵向水平杆应搭设在立杆里侧，主节点处应绑扎在立杆上，非主节点处应绑扎在横向水平杆上。

2）搭接长度从有效直径起算不得小于 1.2m，绑扎不得少于 4 道，两端绑扎点与杆件端部不应小于 0.1m，中间绑扎点应均匀设置。

3）搭接接头应设置于立杆处，并应伸出立杆 0.2~0.3m。相邻纵向水平杆的接头不应设置在同步或同跨内，并应上下内外错开 1 倍的立杆纵距。架体端部的纵向水平杆大头应朝外（图 5-23）。

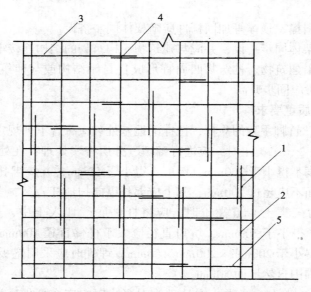

图 5-23 立杆和纵向水平杆接头布置
1—立杆接头；2—立杆；3—纵向水平杆；4—纵向水平杆接头；5—扫地杆

（4）横向水平杆。横向水平杆的搭设应符合下列规定：

1）横向水平杆主节点处应绑扎在立杆上，非主节点处应绑扎在纵向水平杆上。

2）非主节点处的横向水平杆，应根据支撑脚手板的需要等间距设置，其最大间距不应大于立杆纵距的 1/2。

3）横向水平杆每端伸出纵向水平杆的长度不应小于 0.2m；里端距墙面应为 0.12~0.15m，两端应与纵向水平杆绑扎牢固。

4）主节点处相邻横向水平杆应错开搁置在立杆的不同侧面，且与同一立杆相交的横向水平杆应保持在立杆的同一侧面。

（5）顶撑。顶撑的搭设应符合下列规定：

1）顶撑应紧贴立杆设置，并应顶紧水平杆；顶撑应与上、下方的水平杆直径匹配，两者直径相差不得大于顶撑直径的 1/3。

2）顶撑应与立杆绑扎且不得少于 3 道，两端绑扎点与杆件端部的距离不应小于 100mm，中间绑扎点应均匀设置。

3）顶撑应使用整根竹杆，不得接长，上下顶撑应保持在同一垂直线上。

4）当使用竹笆脚手板时，顶撑应顶在横向水平杆的下方（图 5-24）；当使用竹串片脚手板时，顶撑应顶在纵向水平杆的下方。

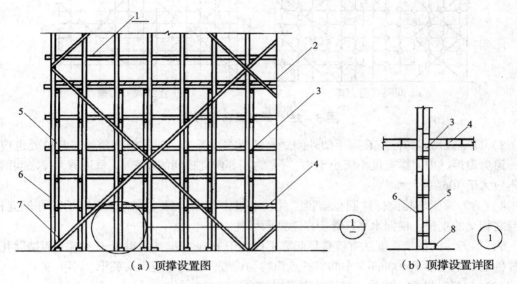

（a）顶撑设置图   （b）顶撑设置详图

图 5-24　顶撑设置

1—栏杆；2—脚手板；3—横向水平杆；4—纵向水平杆；5—顶撑；6—立杆；7—剪刀撑；8—垫板

（6）连墙件。连墙件设置在立杆与横杆交点附近，呈梅花状交替排列，将脚手架与结构连成整体，连墙件应既能承受拉力又能承受压力。

连墙件宜采用二步二跨（竖向间距不大于 2 步，横向间距不大于 2 跨）或二步三跨（竖向间距不大于 2 步，横向间距不大于 3 跨）或三步二跨（竖向间距不大于 3 步，横向间距不大于 2 跨）的布置方式。

连墙件的布置应符合下列规定：

1）应靠近主节点设置连墙件，当距离主节点大于 300mm 时应设置水平杆或斜杆对架体局部加强。

2）应从第二步架开始设置连墙件。

3）连墙件应采用菱形、方形或矩形布置。

4）一字形和开口型脚手架的两端应设置连墙件，并应沿竖向每步设置一个。

5）转角两侧立杆和顶层的操作层处应设置连墙件。

当脚手架操作层高出相邻连墙件以上两步时，在连墙件安装完毕前，应采用确保脚手架稳定的临时拉结措施。

（7）剪刀撑。剪刀撑的设置应符合下列规定：

1）架长 30m 以内的脚手架应采用连续式剪刀撑，超过 30m 的应采用间隔式剪刀撑。

2）剪刀撑应在脚手架外侧由底至顶连续设置，与地面倾角应为 45°～60°（图 5－25）。

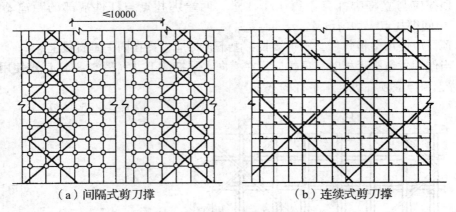

（a）间隔式剪刀撑　　　　　　　　（b）连续式剪刀撑

图 5－25　剪刀撑布置形式

3）间隔式剪刀撑除应在脚手架外侧立面的两端设置外，架体的转角处或开口处也应加设一道剪刀撑，剪刀撑宽度不应小于 $4L_a$（L_a 为相邻两立杆间的距离）；每道剪刀撑之间的净距不应大于 10m。

4）剪刀撑应与其他杆件同步搭设，并宜通过主节点；剪刀撑应紧靠脚手架外侧立杆，和与之相交的立杆、横向水平杆等应全部两两绑扎。

5）剪刀撑的搭接长度从有效直径起算不得小于 1.5m，绑扎不得少于 3 道，两端绑扎点与杆件端部不应小于 100mm，中间绑扎点应均匀设置。剪刀撑应大头朝下、小头朝上。

（8）斜撑、抛撑。斜撑、抛撑的设置应符合下列规定：

1）水平斜撑应设置在脚手架有连墙件的步架平面内，水平斜撑的两端与立杆应绑扎呈"之"字形，并应将其中与连墙件相连的立杆作为绑扎点（图 5－26）。

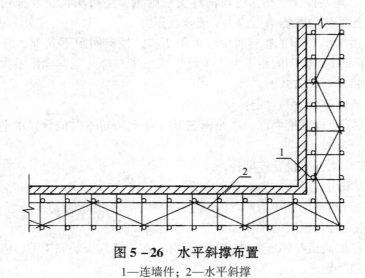

图 5－26　水平斜撑布置

1—连墙件；2—水平斜撑

2）一字形、开口型双排脚手架的两端应设置横向斜撑。

3）横向斜撑应在同一节间由底至顶呈"之"字形连续设置，杆件两端应固定在与之相交的立杆上。

4）当竹脚手架搭设高度低于三步时，应设置抛撑。抛撑应采用通长杆件与脚手架可靠连接，与地面的夹角应为 45°～60°，连接点中心至主节点的距离不应大于 300mm。抛撑拆除应在连墙件搭设后进行。

（9）搁栅。当作业层铺设竹笆脚手板时，应在内外侧纵向水平杆之间设置搁栅，并应符合下列规定：

1）搁栅应设置在横向水平杆上面，并应与横向水平杆绑扎牢固。

2）搁栅应在纵向水平杆之间等距离布置，且间距不得大于 400mm。

3）搁栅的接长应采用搭接，搭接处应头搭头，梢搭梢；搭接长度从有效直径起算，不得小于 1.2m；搭接端应在横向水平杆上，并应伸出 200～300mm。

4）竹笆脚手板应按其主竹筋垂直于纵向水平杆方向铺设，且应采用对接平铺，四个角应采用 14 号镀锌钢丝固定在纵向水平杆上。

（10）脚手板。

1）作业层脚手板应铺满、铺稳，离开墙面距离不应大于 150mm。

2）作业层端部脚手板探头长度不应超过 150mm，其板长两端均应与支承杆可靠地固定。

3）脚手架内侧横向水平杆的悬臂端应铺设竹串片脚手板，脚手板距墙面不应大于 150mm。

（11）防护栏杆和安全立网。竹脚手架作业层外侧周边应设置两道防护栏杆，上道栏杆高度不应小于 1.2m，下道栏杆应居中设置，挡脚板高度不应小于 0.18m。栏杆和挡脚板应设在立杆内侧，脚手架外立杆内侧应采用密目式安全立网封闭。

（12）门洞。门洞的搭设应符合下列要求：

1）门洞口应采用上升斜杆、平行弦杆桁架结构形式（图 5-27），斜杆与地面倾角应为 45°～60°。

2）门洞处的空间桁架除下弦平面外，应在其余 5 个平面内的节间设置一根斜腹杆，上端应向上连接交搭 2～3 步纵向水平杆，并应绑扎牢固。

3）门洞桁架下的两侧立杆、顶撑应为双杆，副立杆高度应高于门洞口 1～2 步。

4）斜撑、立杆加固杆件应随架体同步搭设，不得滞后搭设。

5.2.3 竹脚手架的拆除

1. 竹脚手架的拆除顺序

竹脚手架拆除必须自上而下按下列顺序拆除：拆除顶部安全网→拆除护身栏杆→拆除挡脚板→拆除脚手板→拆除小横杆→拆除剪刀撑→拆除连墙点→拆除大横杆→拆除立杆→拆除斜撑→拆除抛撑和扫地杆。严禁上下同时进行作业，严禁采用推倒或拉倒的方法进行拆除。

2. 竹脚手架的拆除要求和注意事项

竹脚手架的拆除要求和注意事项与木脚手架基本相同，但要特别注意的是，竹杆较轻，

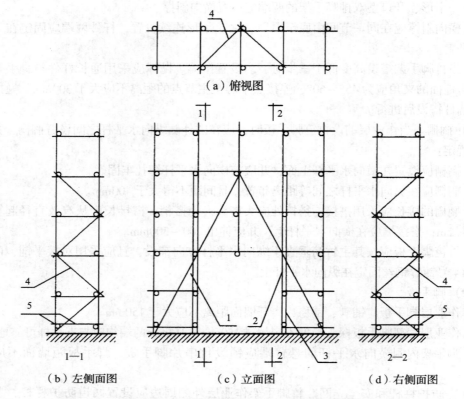

（a）俯视图

1—1　（b）左侧面图　　　1　　2　（c）立面图　　　3　　2—2　（d）右侧面图

图 5-27　门洞和通道脚手架构造（适用于两跨宽的门洞）

1—斜腹杆；2—主立杆；3—副立杆；4—斜杆；5—扫地杆

拆除也比较容易，所以容易掉以轻心，甚至不挂安全带。竹杆虽轻但光滑，一不小心容易滑落，因而必须带好安全带，按操作要求由上而下依次拆除。

（1）竹脚手架拆除应按拆除方案组织施工，拆除前应对作业人员作书面的安全技术交底。

（2）拆除竹脚手架前，应做好下列准备工作：

1）应对即将拆除的竹脚手架全面检查。

2）应根据检查结果补充完善竹脚手架拆除方案，并应经方案原审批人批准后实施。

3）应清除竹脚手架上杂物及地面障碍物。

（3）拆除竹脚手架时，应符合下列规定：

1）拆除作业必须由上而下逐层进行，严禁上下同时作业，严禁斩断或剪断连层绑扎材料后整层滑塌、整层推倒或拉倒。

2）连墙件必须随竹脚手架逐层拆除，严禁先将整层或数层连墙件拆除后再拆除架体；分段拆除时高差不应大于2步。

（4）拆除竹脚手架的纵向水平杆、剪刀撑时，应先拆中间的绑扎点，后拆两头的绑扎点，并应由中间的拆除人员往下传递杆件。

（5）当竹脚手架拆至下部三步架高时，应先在适当位置设置临时抛撑对架体加固后，再拆除连墙件。

（6）当竹脚手架需分段拆除时，架体不拆除部分的两端应按相关规定采取加固措施。

（7）拆下的竹脚手架各自杆件、脚手板等材料，应向下传递或用索具吊运至地面，严禁抛掷至地面。

（8）运至地面的竹脚手架各种杆件，应及时清理，并应分品种、规格运至指定地点码放。

5.3 模板支撑架

5.3.1 模板支撑架的构造

1. 落地扣件式钢管支撑架构造

（1）平顶施工满堂模板支撑架的构造参数见表5-6。

表5-6 平顶施工满堂模板支撑架的构造参数

用途	立杆纵横间距（m）	横杆竖向步距（m）	纵向水平拉杆设置	操作层小横杆间距（m）	靠墙立杆离开墙面的距离（m）	脚手板铺设（m）	
						架高4m以内	架高大于4m
一般装饰用	≤2	≤1.7	两侧每步一道，中间每两步一道	≤1.0	0.5~0.6	板间空隙≤0.2	满铺
承重较大时	≤1.5	≤1.4	两侧每步一道，中间每两步一道	≤0.75	根据需要定	满铺	满铺

（2）抹灰施工满堂模板支撑架的构造参数见表5-7。

表5-7 抹灰施工满堂模板支撑架的构造参数

立杆纵横间距（m）	横杆竖向步距（m）	纵向水平拉杆设置	操作层小横杆间距（m）	靠墙立杆离开墙面的距离（m）	脚手板铺设（m）	
					架高4m以内	架高大于4m
≤2.0	≤1.6	两侧每步一道，中间每两步一道	≤1.0	0.5~0.6	板间空隙≤0.2	满铺

2. 落地碗扣式钢管支撑架构造

（1）结构形式。

1）一般碗扣式支撑架。用碗扣式钢管脚手架系列构件可以根据需要组装成不同组架密度、不同组架高度的支撑架，其一般组架结构由立杆垫座（或立杆可调座）、顶杆、立杆、可调托撑以及横杆和斜杆（或剪刀撑、斜撑）等组成，如图5-28所示。

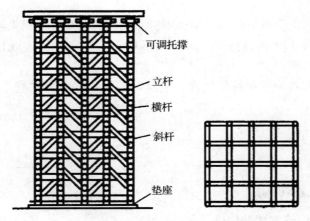

图 5 – 28 碗扣式支撑架图

使用不同长度的横杆可组成不同立杆间距的支撑架，其基本尺寸见表 5 – 8。支撑架中框架单元的框高应根据荷载等因素进行选择。当所需要的立杆间距与标准横杆长度（或现有横杆长度）不符时，可采用两组或多组组架交叉叠合进行布置。横杆错层连接如图 5 – 29 所示。

表 5 –8 碗扣式钢管支撑架框架单元基本尺寸表

类型	A 型	B 型	C 型	D 型	E 型
基本尺寸 框长（m）× 框宽（m）× 框高（m）	1.8 × 1.8 × 1.8	1.2 × 1.2 × 1.8	1.2 × 1.2 × 1.2	0.9 × 0.9 × 1.2	0.9 × 0.9 × 0.6

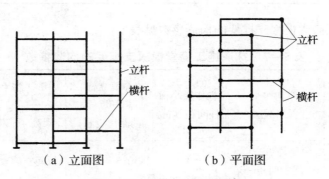

（a）立面图　　　　　　　（b）平面图

图 5 – 29 横杆错层连接

2）带横托撑（或可调横托撑）支撑架。如图 5 – 30 所示，可调横托座既可作为墙体的侧向模板支撑，又可作为支撑架的横（侧）向限位支撑。

3）底部扩大支撑架。对于楼板等荷载较小，但支撑面积较大的模板支架，一般不必把所有立杆连成整体，可分成几个独立支架，只要高宽（以窄边计）比小于 3∶1 即可，但至少应有两跨连成一整体。对一些重载支撑架或支撑高度较高（大于 10mm）的支撑架，则需要把所有立杆连成一整体，并根据具体情况适当加设斜撑、横托撑或扩大底部架，用斜杆将上部支撑架的荷载部分传递到扩大部分的立杆上，如图 5-31 所示。

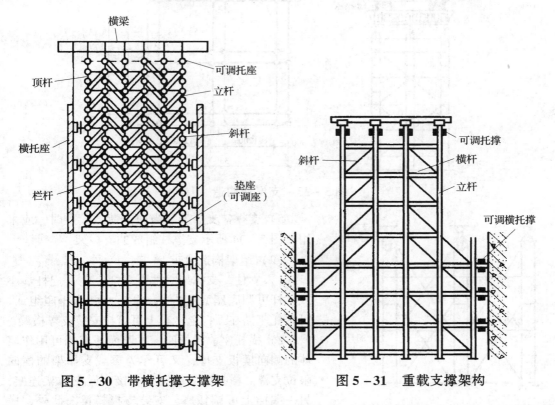

图 5-30　带横托撑支撑架　　　　图 5-31　重载支撑架构

4）高架支撑架。碗扣支撑架由于杆件轴心受力，杆件和节点间距定型，整架稳定性好和承载力大，特别适合于构造超高、超重的梁板模板支撑架，用于高大厅堂、结构转换层和道桥工程施工中。

当支撑架高宽（按窄边计）比超过 5 时，应采取高架支撑架，否则须按规定设置缆风绳紧固。如桥梁施工期间要求不中断交通时，可视需要留出车辆通道，如图 5-32 所示。

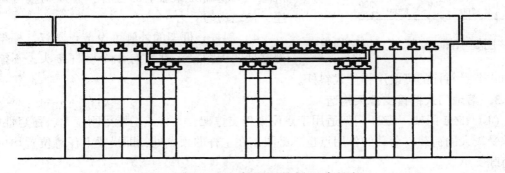

图 5-32　不中断交通的桥梁支撑架

对通道两侧荷载显著增大的支架部分则采用密排（杆距 0.6~0.9m）设置，也可用格构式支柱组成支撑墩，如图 5-33 所示。

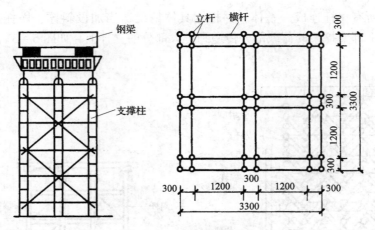

图 5 –33　支撑墩构造

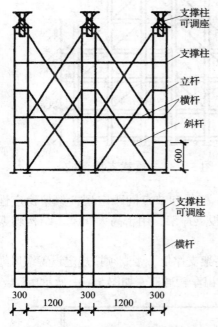

图 5 –34　支撑柱支撑架构造

5）支撑柱支撑架。当施工荷载较重时，应采用如图 5 – 34 所示支撑柱组成的支撑架。

（2）组架构造要求。

1）立柱。支撑架立柱由立杆底座（立杆垫座或立杆可调底座）、顶杆、立杆、可调托座组成。可调托座插在顶杆上，其上可直接安装支撑横梁。

2）横托座。横托座、可调横托座既可用作墙体的侧向模板支撑，又可作为重载支撑架的横向限位支撑。横托座一端用碗扣接头同支撑架连接，另一端插上可调托座，安装支撑横梁。此外，横托座应设置于横杆层，应两侧对称布置。

3）底座。除架立在混凝土等坚硬基础上的支撑底架可用立杆垫座外，其余均应设置立杆可调底座。在搭设及使用过程中，应随时注意基础的沉降，对基础沉降悬空的立杆，必须调整可调底座，使之均匀受力。

4）斜杆。框架的外侧可设节点斜杆，框架中部立杆的碗扣接头都装有 4 个横杆接头，不能装碗扣式节点斜杆的可改用扣件式斜杆。

3. 落地门式钢管支撑架构造

（1）CZM 门架。CZM 门架适用于搭设模板支撑架，其特点是横梁刚度大、稳定性好，能承受较大的荷载，荷载的作用点也不必限制在主杆的顶点处，即横梁上任意位置均可作为荷载支承点。

CZM 门架的构造如图 5 – 35 所示，门架基本高度有 1.2m、1.4m 和 1.8m，宽度为 1.2m。

（2）调节架。调节架高度有 0.9m、0.6m 两种，宽度为 1.2m，用来与门架搭配进行使用，以配装不同高度的支撑架。

（3）连接棒。销钉，销臂上、下门架，调节架的竖向连接，采用连接棒，如图5-36（a）所示。连接棒两端均钻有孔洞，插入上、下两门架的立杆内，在外侧安装销臂，如图5-36（c）所示，再用自锁销钉，如图5-36（b）所示，穿过销臂、立杆和连接棒的销孔，将上、下立杆直接连接起来。

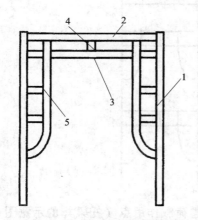

图5-35 CZM门架构造

1—门架立杆；2—上横杆；3—下横杆；4—腹杆；
5—加强杆（1.2m高门架没有加强杆）

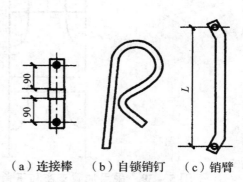

（a）连接棒 （b）自锁销钉 （c）销臂

图5-36 连接配件

（4）加载支座、三角支承架。当托梁的间距不是门架的宽度（1.2m）时，荷载作用点的间距大于或小于1.2m时，可用加载支座或三角支承架来进行调整，可以调整的间距范围为0.5~1.8m。

1）加载支座。加载支座构造如图5-37所示，在使用时将底杆用扣件将底杆与门架的上横杆扣牢，小立杆的顶端加托座即可使用。

2）三角支承架。三角支承架的构造如图5-38所示，宽度有150mm、300mm、400mm等几种。使用时将插件插入门架立杆顶端，并用扣件将底杆与立杆扣牢，在小立杆顶端设置顶托即可。

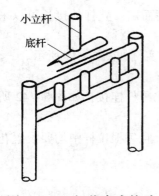

图5-37 加载支座构造

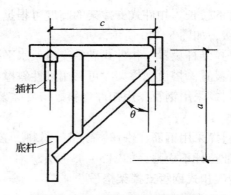

图5-38 三角支承架构造

c—插杆与门架立杆顶端的距离；
a—门架立杆顶端与底杆间的距离；θ—底杆与立杆间的夹角

图 5 –39 是采用加载支座和三角支承架调整荷载作用点（托梁）的示意图。

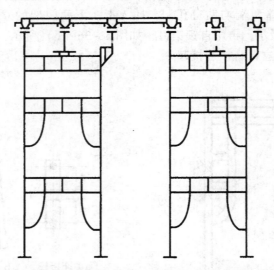

图 5 –39　采用加载支座和三角支承架调整荷载作用点（托梁）的示意图

5.3.2　模板支撑架的搭设

1. 落地扣件式钢管支撑架搭设

（1）施工准备。

1）扣件式钢管支撑架搭设前的准备工作与扣件式钢管脚手架搭设时相同。

2）立杆布置：扣件式钢管支撑架立杆的构造基本同扣件式钢管脚手架立杆。立杆间距一般应通过计算进行确定，通常取 1.2 ~ 1.5m，不得大于 8m。对于较复杂的工程，根据建筑结构的主、次梁和板的布置，模板的配板设计、装拆方式等，画出支撑架立杆的布置图。

（2）支撑架搭设。扣件式钢管支撑架的搭设方法基本与扣件式钢管外脚手架的搭设方法相同。

1）立杆的接长。扣件式支撑架的高度可根据建筑物的层高而定。立杆的接长可以采用对接或搭接，如图 5 –40 所示。

2）水平拉结杆设置。扣件式满堂支撑架水平拉结杆布置的实例如图 5 –41 所示。

3）斜杆设置。搭设支撑架时可采用刚性斜撑或柔性斜撑。

①刚性斜撑采用钢管，用扣件将斜撑与支撑架中的立杆和水平杆连接，如图 5 –42 所示。

②柔性斜撑采用钢筋、铁丝、铁链等材料，必须交叉布置，且每根拉杆中均要设置花篮螺钉以保证拉杆不松弛，如图 5 –43 所示。

2. 落地碗扣式钢管支撑架搭设

（1）施工准备。

1）根据施工要求，选定支撑架的形式、尺寸，画出组装图。支撑架在各种荷载作用下，每根立杆可支撑的面积见表 5 –9。

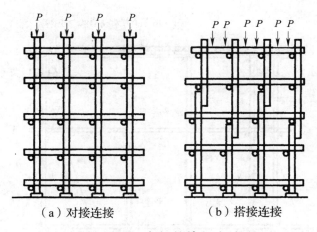

（a）对接连接　　　　　（b）搭接连接

图 5－40　立杆的接长方法

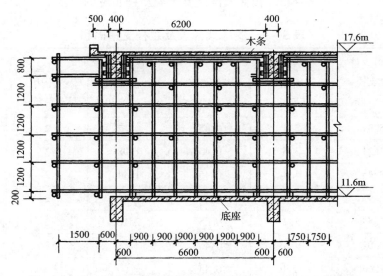

图 5－41　扣件式满堂支撑架水平拉结杆布置的实例

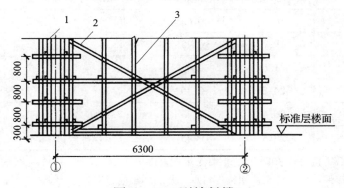

图 5－42　刚性斜撑

1—柱钢模；2—斜撑；3—排架

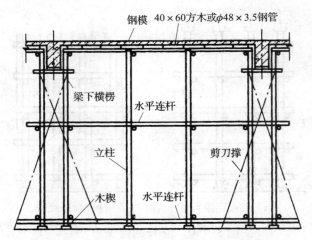

图 5-43　扣件式满堂支撑架斜杆布置的实例

表 5-9　支撑架荷载及立杆支撑面积

混凝土厚度（cm）	每根立杆可支撑面积 S（m²）	支撑总荷载（kN/m²）				
		混凝土重 P_1	模板楞条 P_2	冲击荷重 $P_3 = P_1 \times 30\%$	人行机具动荷载 P_4	总计 $\sum P$
10	5.39	2.4	0.45	0.72	2	5.57
15	4.21	3.6	0.45	1.08	2	7.13
20	3.45	4.8	0.45	1.44	2	8.69
25	2.93	6.0	0.45	1.80	2	10.25
30	2.54	7.2	0.45	2.16	2	11.81
40	2.01	9.6	0.45	2.88	2	14.93
50	1.66	12.0	0.45	3.60	2	18.05
60	1.42	14.4	0.45	4.32	2	21.17
70	1.24	16.8	0.45	5.04	2	24.29
80	1.09	19.2	0.45	2.76	2	27.41
90	0.98	21.6	0.45	6.48	2	30.53
100	0.89	24.0	0.45	7.20	2	33.65
110	0.82	26.4	0.45	7.92	2	36.77
120	0.75	28.8	0.45	8.64	2	39.89

注：1　立杆承载力按每根30kN计，混凝土堆积重度按24kN/m³计。
　　2　高层支撑架还要计算支撑架构件自重，并加到总荷载中去。

2）按支撑架高度选配立杆、顶杆、可调底座与可调托座，列出材料明细表。使用0.6m可调托座调节时，立杆底座、立杆、顶杆和可调托座等杆配件的组合搭配见表5-10。

表 5−10 支撑架高度与构件组合

杆件类型数量 支撑高度（m）	可调托座的 可调高度（m）	立 杆 数 量		顶 杆 数 量	
		LG—300/3m	LG—180/1.8m	DG—150/1.5m	DG—90/0.9m
2.75~3.35	0.05~0.65	0	1	0	1
3.35~3.95	0.05~0.65	0	1	1	0
3.95~4.55	0.05~0.65	1	0	0	1
4.55~5.15	0.05~0.65	1	0	1	0
5.15~5.75	0.05~0.65	0	2	1	0
5.75~6.35	0.05~0.65	1	1	0	1
6.35~6.95	0.05~0.65	1	1	1	0
6.95~7.55	0.05~0.65	2	0	0	1
7.55~8.15	0.05~0.65	2	0	1	0
8.15~8.75	0.05~0.65	1	2	0	0
8.75~9.35	0.05~0.65	2	1	0	1
9.35~9.95	0.05~0.65	2	1	1	0
9.95~10.55	0.05~0.65	3	0	0	1
10.55~11.15	0.05~0.65	3	0	1	0
11.15~11.75	0.05~0.65	2	2	1	0
11.75~12.35	0.05~0.65	3	1	0	1
12.35~12.95	0.05~0.65	3	1	1	0
12.95~13.55	0.05~0.65	4	0	0	1
13.55~14.15	0.05~0.65	4	0	1	0
14.15~14.75	0.05~0.65	3	2	1	0
14.75~15.35	0.05~0.65	4	1	0	1
15.35~15.95	0.05~0.65	4	1	1	0
15.95~16.55	0.05~0.65	5	0	0	1
16.55~17.15	0.05~0.65	5	0	1	0
17.15~17.75	0.05~0.65	4	2	1	0
17.75~18.35	0.05~0.65	5	1	0	1

3）支撑架地基处理要求以及放线定位、底座安放的方法均与碗扣式钢管脚手架搭设的要求及方法相同。

（2）支撑架搭设。

1）竖立杆：立杆安装同脚手架。

2）安放横杆和斜杆：横杆、斜杆安装同脚手架。

3）安装横托撑：横托撑可用作侧向支撑，设置在横杆层，两侧对称设置，如图5-44所示。横托撑一端由碗扣接头同横杆、支座架连接，另一端插上可调托座，安装支撑横梁。

4）支撑柱搭设：支撑柱由立杆、顶杆和0.30m横杆组成（横杆步距为0.6m），其底部设支座，顶部设可调座，如图5-45所示。支柱长度可根据施工要求确定。

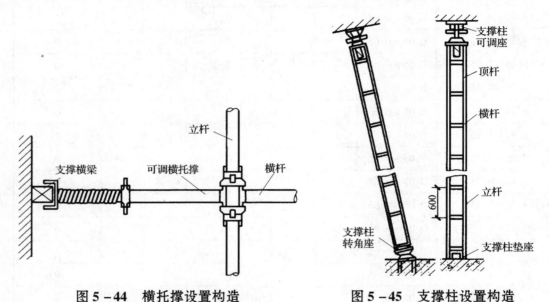

图5-44 横托撑设置构造   图5-45 支撑柱设置构造

支撑柱的允许荷载随高度的加大而降低：

①$H \leqslant 5m$ 时，为140kN；

②$5m < H \leqslant 10m$ 时，为120kN；

③$10m < H \leqslant 15m$ 时，为100kN。

（3）检查验收。支撑架搭设到3~5层时，应检查每个立杆（柱）底座，如果有浮动或松动，旋紧可调底座或用薄铁片填实。

3. 落地门式钢管支撑架搭设

采用门式钢管脚手架的门架、配件等搭设模板支撑架，由于楼（屋）盖的形式及其施工工艺（比如梁板是同时浇筑还是先后浇筑）等因素，将会采用不同的布置形式。

（1）肋形楼（屋）盖模板支撑架。肋形楼（屋）盖结构中梁、板为整体现浇混凝土施工时，门式支撑架的门架，可采用平行于梁轴线或垂直于梁轴线两种布置方式。

1）梁底模板支撑架：门架立杆上的顶托支撑着托梁，小楞搁置在托梁上，梁底模板搁在小楞上。当门架高度不够时，可加调节架加高支撑脚手架的高度如图5-46所示。

2）梁、楼板底模板同时支撑架：当梁高小于或等于350mm（可调顶托的最大高度）时，在门架立杆顶端设置可调顶托来支承楼板底模板，梁底模板可以直接搁在门架的横梁上，如图5-47所示。

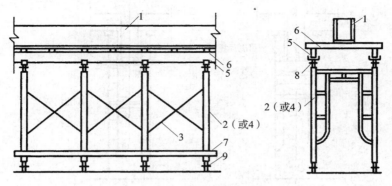

图 5 -46 梁底模板支撑架

1—混凝土梁；2—门架；3—交叉支撑；4—调节架；5—托梁；
6—小楞；7—扫地杆；8—可调托座；9—可调底座

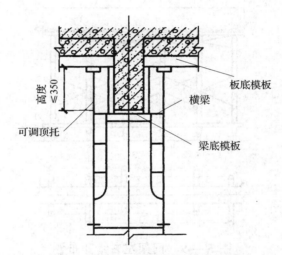

图 5 -47 梁、板底模板支撑脚手架

当梁高大于 350mm 时，可将调节架倒置，将梁底模板支承在调节架的横杆上，立杆上端放上可顶托来支承楼板模板，如图 5 -48（a）所示。将门架倒置，用门架的立杆支承楼板底模板，在门架的立杆上固定一些小楞（小横杆）来支承梁底模板，如图 5 -48（b）所示。

3）门架间距选定：门架的间距应根据荷载的大小确定，同时也必须考虑交叉拉杆的规格尺寸，一般常用的间距有 1.2m、1.5m、1.8m。

当荷载较大，或者模板支撑高度较高时，可采用图 5 -49 所示的左右错开布置形式。

（2）肋形楼（屋）盖模板支撑架（门架平行于梁轴线布置）。

1）梁底模板支撑架：如图 5 -50 所示，托梁由门架立杆托着，它支承着小楞，小楞支承着梁底模板。

梁两侧的每对门架通过横向设置的交叉拉杆加固，它们的间距可根据所选定的交叉拉杆的长短来进行确定。

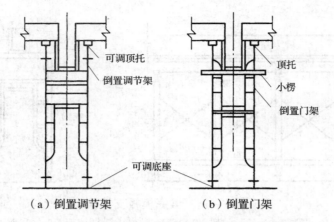

（a）倒置调节架　　　　　（b）倒置门架

图 5-48　梁、板底模板支撑架形式

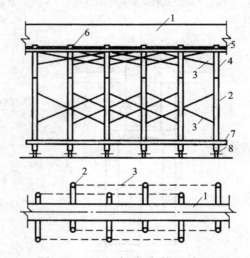

图 5-49　门架左右错开布置

1—混凝土梁；2—门架；3—交叉支撑；4—调节架；5—托梁；6—小楞；7—扫地杆；8—可调底座

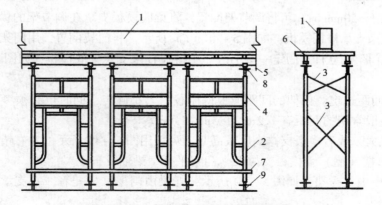

图 5-50　模板支撑架的布置形式

1—混凝土梁；2—门架；3—交叉支撑；4—调节架；5—托梁；
6—小楞；7—扫地杆；8—可调托座；9—可调底座

纵向相邻两组门架之间的距离应考虑荷载因素经计算确定，一般不应超过门架的宽度。

2）梁、楼板底模板支撑架：如图 5－51 所示，上面倒置的门架的主杆支承楼板底模板，在门架立杆上固定小楞，用它来支承梁底模板。

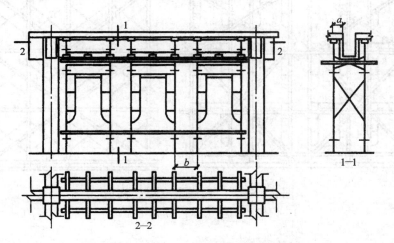

图 5－51　梁、楼板底模板支撑架形式

（3）平面楼（屋）盖模板支撑架。平面楼屋盖的模板支撑架，采用满堂支撑脚手架形式，如图 5－52 所示，是支撑架中门架布置的方法之一。

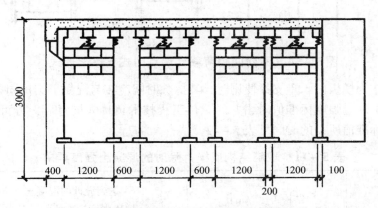

图 5－52　平面楼（屋）盖模板支撑架形式

为使满堂支撑架形成一个稳定的整体，避免其发生摇晃，支撑架的每层门架均应设置纵、横两个方向的水平拉结杆，在门架平面内布置一定数量的剪刀撑。在垂直门架平面的方向上，两门架之间设置交叉支撑，如图 5－53 所示。

（4）密肋楼（屋）盖模板支撑架。在密肋楼屋盖中，梁的布置间距多样，由于门式钢管支撑架的荷载支承点设置较为方便，其优势更为显著。

图 5－54 所示为几种不同间距荷载支承点的门式支撑架布置形式。

5.3.3　模板支撑架的拆除

模板支撑架与满堂脚手架必须在混凝土结构达到规定的强度后方可拆除。模板支撑架

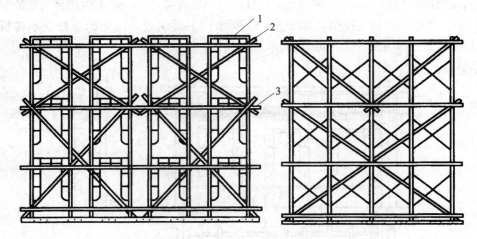

图 5 – 53　门式满堂支撑架构造

1—门架；2—剪刀撑；3—水平加固杆

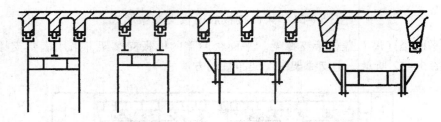

图 5 – 54　不同间距荷载支承点门式支撑架形式

与满堂脚手架作为模板的承重支撑使用时，其拆除时间应在与混凝土结构同条件养护的试件达到表 5 – 11 规定强度标准值时，并经单位工程技术负责人同意后，方可拆除。其中，达到规定强度标准值所需的时间见表 5 – 12。

表 5 – 11　现浇结构底模拆除时的混凝土强度要求

结构类型	结构跨度（m）	达到设计的混凝土立方体抗压强度标准值的百分率（%）
梁、拱、壳	≤8	≥75
	>8	≥100
板	≤2	≥50
	>2，≤8	≥75
	>8	≥100
悬臂构件	—	≥100

表5－12　拆除底模板的时间（d）

水泥的强度等级及品种	硬化时昼夜平均温度						混凝土达到设计强度标准值的百分率（%）
	5℃	10℃	15℃	20℃	25℃	30℃	
32.5级普通水泥	12	8	6	4	3	2	50
	26	18	14	9	7	6	70
	55	45	35	28	21	18	100
42.5级普通水泥	10	7	6	4	4	3	50
	20	14	11	8	7	6	70
	50	40	30	28	20	18	100
32.5级矿渣或火山灰质水泥	18	12	10	8	7	6	50
	32	25	17	14	12	10	70
	60	50	40	28	24	20	100
42.5级矿渣或火山灰质水泥	16	11	9	8	7	6	50
	30	20	15	13	12	10	70
	60	50	40	28	24	20	100

　　模板支撑架与满堂脚手架的拆除要求与相应脚手架拆除要求相同。支撑架的拆除，除应遵守相应脚手架拆除的有关规定外，根据支撑架的特点，还应注意下列几点：

　　（1）支撑架拆除前，应由单位工程负责人对支撑架作全面检查，确定可拆除时，方可拆除。

　　（2）拆除支撑架前应先松动可调螺栓，拆下模板并运出后，方可拆除支撑架。

　　（3）拆除时应采用先搭后拆，后搭先拆的施工顺序。

　　（4）支撑架拆除应从顶层开始逐层往下拆，先拆可调托撑、斜杆、横杆、后拆立杆。

　　（5）拆除时应采用可靠的安全措施，拆下的构配件应分类捆绑，尽可能采用机械吊运，严禁从高空抛掷到地面。

　　（6）对拆除下来的构配件进行及时的检查、维修和保养。

　　变形的构配件应调整修理，油漆剥落处应除锈后，重新涂刷防锈漆。对底座、螺栓孔及螺栓螺纹等不易涂刷油漆的部位，在每次使用完毕后应清理污泥，涂上黄油防锈。门架宜倒立或平放，平放时应相互对齐。栏杆、水平撑、剪刀撑等应绑扎成捆堆放，其他小零件应分类装入木箱内保管。

　　为避免支撑架各配件生锈，最好贮存在干燥通风的库房内，条件不允许时，也可以露天堆放，但必须选择地面平坦、排水良好的地方。堆放时下面要铺垫板，堆垛上要加盖防雨布。

5.4　烟囱脚手架

5.4.1　烟囱脚手架的构造

1. 烟囱外脚手架构造

（1）立杆。立杆可用杉篙或钢管。当烟囱高度超过30m时，不宜使用杉篙，应按"高层脚手架"搭设要求，采用双钢管立杆。立杆采用双排式，内立杆距烟囱外壁不小于450mm，且不大于1400mm。当立杆架设高度超过10m以后，立杆应按烟囱斜度向内回收。立杆间距：用杉篙时不大于1.4m，用钢管时不大于1.0m，在底部出口处不大于2m。杉篙立杆要埋地立设，埋地深度不小于500mm，钢管立杆要设底座，并做好地基处理。

（2）横杆。用杉篙或钢管搭设。大横杆的步距（竖向间距）不大于1.2m，封顶大横杆应采用双杆。小横杆间距不大于1m，扫地杆及大小横杆的搭接要求同多立杆普通脚手架。

（3）剪刀撑。沿脚手架外围连续架设到顶，斜杆与立杆的夹角不能超过60°，高度超过30m的要用双杆剪刀撑。

（4）脚手板。操作层脚手板必须满铺。当高度超过10m以后，在操作层下方加铺一层安全板，该安全板随操作层上升。

（5）安全栏杆、挡脚板。操作层设两道水平安全栏杆及挡脚板，要求同多立杆普通脚手架。

（6）缆风绳。因烟囱脚手架为独立架，当高度超过10～15m以后，就要加设缆风绳。缆风绳用直径不小于12.5mm的钢丝绳，对称设置，每组4～6根，每升高10m再加设一组。在脚手架搭设过程中，可用棕绳等做临时缆风绳，等脚手架高度达到需设第二道缆风绳时，将第一道缆风绳调节固定，拆掉临时缆风绳（用作上一道临时缆风绳），缆风绳与地面的夹角为45°～60°，并单独与地锚连接牢固。缆风绳近地处应加花篮螺栓，用以调节缆风绳的松紧。

（7）抛撑。为增强架子的稳定性，在架子下部各个角点均应加设抛撑。抛撑可用双杆呈"人"形撑住立杆，也可用单杆（类似于普通脚手架的抛撑做法）撑住立杆。与普通脚手架不同在于，烟囱抛撑应待架子使用完毕、架子拆除后，才可拆除。

2. 烟囱内脚手架构造

如图5-55所示，烟囱内工作台由脚手板、插杆、吊架等部分组成，适用于高度在40m以下，烟囱的上口内径在2m以内的砖烟囱施工。

插杆由两段粗细不同的无缝钢管制成，在管壁上钻有栓孔，栓孔的间距根据每步架的高度及筒身的坡度经计算确定。如每步架高为1.2m，筒身坡度为2.5%，则栓孔距离为6cm。插杆的外径为84mm，里管的外径为76mm，插杆两头打扁以便支承在烟囱壁上；里外管的搭接长度要大于30cm，以防弯曲，栓孔中插入螺栓，可调节插杆的长短，以便随着筒身坡度的改变牢靠地支承在烟囱壁上。

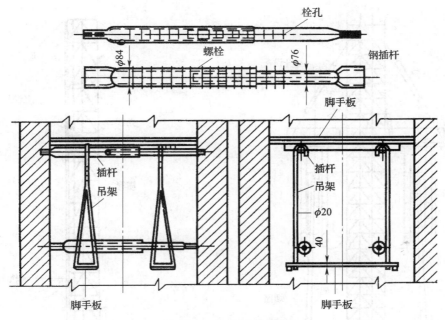

图 5−55　钢插杆工作台

脚手板用5cm厚的木板制成，可按照烟囱内壁直径的大小做成略小的近似半圆形，分4块支在插杆上，中间留出孔洞以检查烟囱的中心位置，脚手架随烟囱的升高逐渐锯短铺设。

吊架用20mm直径的钢筋弯制作而成，挂在插杆上，并在吊架之间搭设脚手板，作为修理筒内表面、堵脚手眼的工作平台。

3. 提升工作台

如图5−56所示，烟囱的提升工作台由井字架、工作台及提升设备等组成。

（1）井字架。井字架主要用于承受工作台自重和施工荷载，并利用它作为物料运输和人员上下之用，钢管井字架一般由支承底座、立管、横管、斜管等组成，用螺栓连接，如图5−57所示。

钢管井字架的孔数多少应由烟囱高度、烟囱的最小内径、施工荷载以及施工方法等因素确定。

（2）工作台。根据烟囱筒身材料和施工方法的不同，工作台分为两种：钢筋混凝土烟囱施工用的工作台和砖砌烟囱施工用的工作台。

1）钢筋混凝土烟囱施工用工作台：这种工作台由承重钢圈、辐射支撑或连接支撑、木梁、铺板、栏杆及保护网等组成，安装在烟囱的上方。承重钢圈一般使用12号或14号槽钢制作，有里外两环，外环半径比筒身最大处半径大10cm，里环半径比筒身最小处半径小20cm，分成相等的数段拼接而成；辐射支撑一般采用40mm×10mm的扁钢制作，两端焊有连接板，用螺栓与钢圈连接；连接斜撑一般采用50mm×5mm的角钢制作，用螺栓与承重钢圈连接。木梁一般采用15cm×20cm或12cm×16cm方木，呈辐射状地配置在里、外承重钢圈上，间距为1.2~1.5m，在木梁上铺5cm厚的木板，栏杆高1.5m，组装在平台的外圈，并在栏杆上立挂安全网。

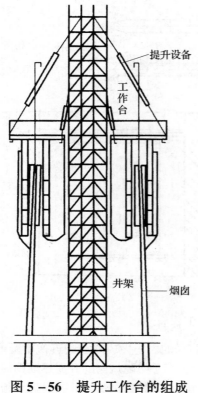

图 5 – 56　提升工作台的组成　　　　图 5 – 57　钢管井子架

2）砖砌烟囱及内衬砌筑用的工作台：这种工作台由里、外钢圈、木梁及铺板等组成。这种工作台是安装在烟囱里的。为了适应烟囱内径的变化，可以在钢圈的内侧，增设一环用直径为 28～32mm 钢筋制成的圆钢圈。当工作台提升到砌体与圆钢圈接触时，将圆钢圈及外围的铺板拆除。里、外钢圈一般用 10 号或 12 号槽钢制成。

（3）提升设备。目前工作台的悬挂和提升的施工方法采用的有卷扬机提升法、电动葫芦提升法和手扳葫芦提升法等三种。

5.4.2　烟囱脚手架的形式

烟囱外脚手架的形式应根据烟囱的体形、高度、搭设材料等确定。基本形式有以下 3 种：

1. 扣件式钢管烟囱脚手架

扣件式钢管烟囱外脚手架一般搭设成正方形或正六边形，如图 5 – 58 所示。

2. 碗扣式钢管烟囱脚手架

碗扣式钢管烟囱脚手架如图 5 – 59 所示。

搭设碗扣式正六边形脚手架时，所需杆件的尺寸见表 5 – 13。碗扣式钢管脚手架的杆件为定型产品，其尺寸为 0.9m、1.2m、1.8m、2.1m 和 2.4m。

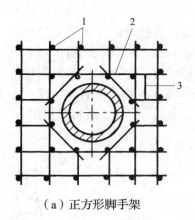
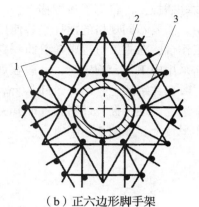

（a）正方形脚手架　　　　　（b）正六边形脚手架

图 5 – 58　扣件式钢管烟囱脚手架

1—立杆；2—大横杆；3—小横杆

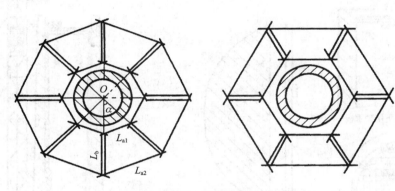

图 5 – 59　碗扣式钢管烟囱脚手架

表 5 – 13　正六边形脚手架构造尺寸（mm）

内径 r_1	外径 r_2	$L_b = r_2 - r_1$	L_{a1}	L_{a2}
900	1800	900	900	1800
900	2100	1200	1200	2100
1200	2100	900	1200	2100
1200	2400	1200	1200	2400
1500	2400	900	1500	2400

3. 门式钢管烟囱脚手架

门式钢管烟囱脚手架一般搭设成正八边形形式。

5.4.3　烟囱内脚手架的搭设

在搭设时，先将插杆支承在烟囱壁上，挂上吊架，搭好上下两层脚手板即可使用。施工过程中筒身每砌高一步架，将插杆往里缩一次，重新将螺栓紧固好。当一步架砌完后，先将上面放好插杆，再将脚手板翻移上去。

施工中，需要不同规格的插杆交替使用，当烟囱直径较大（直径超过2m）时，可采用木插杆工作台，在施工过程中随着筒身直径的缩小锯短木插杆，如图5-60所示。

当烟囱采用内工作台施工时，一般在烟囱外搭设双孔井字架作为材料运输和人员上、下使用。同时在井字架上悬吊一个卸料台。卸料台用方木和木板制作而成，用2~4个倒链挂在井字架上，逐步提升卸料台并使其一直高于砌筑工作面，可将材料用人传递或用吊槽卸到工作平台上，如图5-61所示。

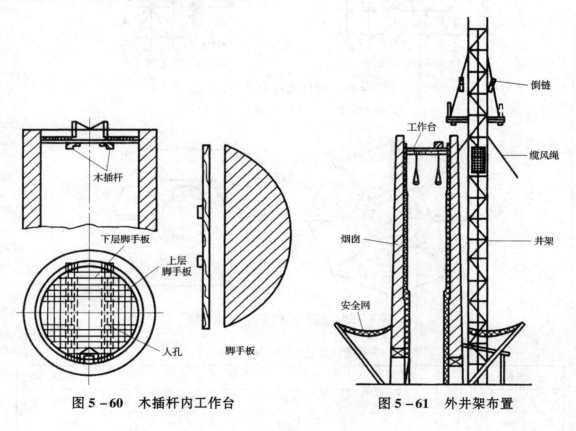

图5-60　木插杆内工作台　　　　　　图5-61　外井架布置

5.5　水塔外脚手架

5.5.1　水塔外脚手架的构造

水塔外脚手架可用杉篙或钢管搭设，适用于高度在45m以内的砖砌水塔。水塔的下部塔身为圆柱体，上部水箱凸出塔身，施工时一般搭设落地脚手架，根据水塔的水箱直径大小及形状，搭设方式可采用上挑式或直通式，如图5-62所示。

1. 立杆

杉篙立杆的间距不大于1.4m，钢管立杆的间距不大于1m，在井笼口和出口处的立杆间距不大于2m。里排立杆离水塔壁最近距离为40~50cm，外排立杆离水塔壁的距离不大于2m。

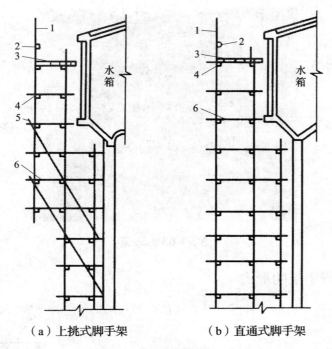

（a）上挑式脚手架　　　（b）直通式脚手架

图 5－62　水塔外脚手架

1—立杆；2—栏杆；3—脚手板；4—大横杆；5—斜杆；6—小横杆

四角和每边中间的立杆必须使用"头顶头双戗杆"。架子高度在30m以上时，所有立杆应全部使用"头顶头双戗杆"。杉篙立杆的埋地深度不得小于550cm。

2. 缆风绳与地锚

水塔外脚手架高度在10～15m时，应对称设一组缆风绳，每组4～6根。缆风绳用直径不小于12.5mm的钢丝绳，与地面夹角为45°～60°，必须单独牢固地拴在专设的地锚内，并用花篮螺丝调节松紧。缆风绳严禁拴在树木、电线杆等物体上，以确保安全。

水塔外脚手架除第一组缆风绳外，架子每升高10m加设一组。脚手架支搭过程中应加临时缆风绳，待加固缆风绳设置好后方可拆除。

3. 剪刀撑和斜撑

剪刀撑四面必须绑到顶。高度超过30m的脚手架，剪刀撑必须用双杆。

斜撑与地面的夹角不大于60°。最下面的六步架应打腿戗。

4. 大横杆

大横杆的间距不大于1.2m，封顶应绑双杆。杉篙大横杆的搭接长度不得小于两根立杆。

5. 小横杆和脚手板

小横杆的间距不大于1m，并需全部绑牢。脚手板必须满铺。操作平台并设两道护身栏杆和挡脚板。架子高度超过10m时，脚手板下方应加铺一层安全板，随每步架上升。

6. 马道

附属于脚手架的"之"字马道，宽度不得小于1m，坡度为1:3，满铺脚手板并与小横杆绑牢，在其上加钉防滑条，如图5－63所示。

图 5 - 63　马道

5.5.2　水塔外脚手架的形式

　　水塔外脚手架的平面形式有正方形、六角形和八角形等多种形式,如图 5 - 64 所示。

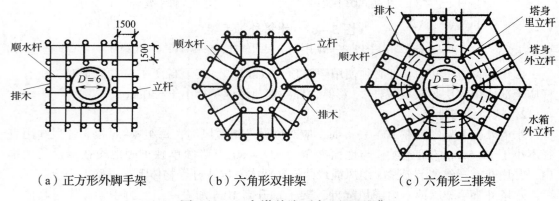

　　（a）正方形外脚手架　　　　　（b）六角形双排架　　　　（c）六角形三排架

图 5 - 64　水塔外脚手架平面形式

5.5.3　水塔外脚手架的搭设

1．施工准备

　　(1) 工程负责人应根据工程施工组织设计中有关水塔脚手架搭设的技术要求,逐级向施工作业人员进行技术交底和安全技术交底。

　　(2) 对脚手架材料进行检查和验收,不合格的构配件不准使用,合格的构配件按品种、规格,使用顺序先后堆放整齐。

　　(3) 搭设现场应清理干净,夯实基土,场地排水畅通。

　　(4) 正方形脚手架放线法:已知水塔底的外径为 D,里排立杆距水塔壁的最近距离为 50cm,由此求出搭设长度为 $(D + 2 \times 0.5)$ m,再挑 4 根长于所求搭设长度的立杆,在杆上量出要求长度的边线,并在钢管的中线处划上十字线,将四根划好线的立杆在水塔外围摆成正方形，注意杆件的中线与水塔中线对齐，正方形的对角线相等，则杆件垂直相交的四角即为脚手架里排四角立杆的位置。据此按脚手架的搭设方案确定其他中间立杆和外排立杆的位置，如图 5 – 65 所示。

（5）六角形脚手架放线法：六角形里排脚手架的边长按下式计算：里排边长 = $[(D/2 + 0.5) × 1.5]$ m。再找 6 根长于所求搭设长度的杆件，在两端留出余量，用尺子量出要求长度划上十字线，按上述方法在水塔外围摆成正六边形，就可以确定里排脚手架 6 个角点的位置。在此基础上再按要求划出中间立杆和外排脚手架立杆的位置线，如图 5 – 66 所示。

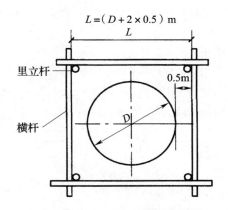

图 5 – 65　正方形脚手架放线

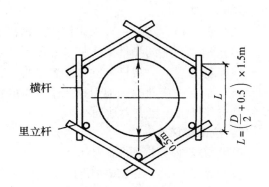

图 5 – 66　六角形脚手架放线

2. 挖坑、竖立杆

立杆的位置线放出后，就可以依次挖立杆坑。坑深不小于 50cm，坑的直径应比立杆直径大 10cm 左右，挖好后最好在坑底垫砖块或石块。

竖立杆的方法如下：

（1）竖立杆时最好三人配合操作，依次先竖里排立杆，后竖外排立杆。

（2）由一人将立杆对准坑口，第二个人用铁锹挡住立杆根部，同时用脚蹬立杆根部，再由一人抬起立杆向上举起竖立。注意推杆别过猛，以防收势不住倒杆伤人。

（3）竖立杆时先竖转角处的立杆，由一人穿看垂直度后将立杆坑回填夯实。中间立杆同排要互相看齐、对正。

（4）相邻立杆的接长位置要上、下错开 50cm 以上，钢管立杆宜用对接接长；杉篙立杆的搭接长度不应小于 1.5m，并绑三道钢丝，所有接头不能在同一步架内。

3. 安放大横杆、小横杆

绑大横杆和小横杆的方法与钢、木脚手架的方法基本相同。安放大横杆、小横杆的注意点如下：

（1）立杆竖立后应立即安装大横杆和小横杆。

（2）小横杆端头与水塔壁的距离控制在 10～15cm，不得顶住水塔壁。

（3）小横杆与大横杆应扣接牢，操作层上小横杆的间距不大于 1m。

（4）相邻横杆的接头不得在同一步架或同一跨间内。

（5）大横杆应设置在立杆内侧，其端头应伸出立杆10cm以上，以防滑脱，脚手架的步距为1.2m。

（6）用杉篙搭设时，同一步架内的大头朝向应相同；搭接处小头压在大头上，搭接位置应错开。相邻两步大横杆的大头朝向应相反。

（7）大横杆的接长宜用对接扣件，也可用搭接，搭接长度不小于1m，并用3个扣件。各接头应错开，相邻两接头的水平距离不小于50cm。

4．绑扣剪刀撑、斜撑

绑扣剪刀撑、斜撑的过程中的注意事项如下：

（1）脚手架每一外侧面应从底到顶设置剪刀撑，当脚手架每搭设7步架时，就应及时搭装剪刀撑、斜撑。

（2）剪刀撑、斜撑一般采用搭接，搭接长度不小于50cm。

（3）斜撑两端的扣件离立杆节点的距离不宜大于20cm。

（4）剪刀撑的一根杆与立杆扣紧，另一根应与小横杆扣紧，这样可避免钢管扭弯。

（5）最下一道斜撑、剪刀撑要落地，它们与地面的夹角不大于60°。最下一对剪刀撑及斜撑与立杆的连接点离地面距离应不大于50cm。

5．拉设缆风绳

拉设缆风绳应注意的事项如下：

（1）架子搭至10～15m高时，应及时拉设缆风绳。

（2）每组4～6根，上端与架子拉结牢固，下端与地锚固定，并配以花篮螺钉调节松紧。

（3）严禁将缆风绳随意捆绑在树木、电线杆等不安全的地方。

（4）最上一道缆风绳一定要用钢丝绳。

6．设置栏杆安全网、脚手板

在操作面上应设高1.2m以上的护身栏杆两道，加绑挡脚板，并立挂安全网。

5.5.4 水塔外脚手架的拆除

水塔外排脚手架的拆除顺序与搭设顺序相反，先搭的后拆，后搭的先拆。

拆除顺序为：立挂安全网→护身栏→挡脚板→脚手板→小横杆→顶端缆风绳→剪刀撑→大横杆→立杆→斜撑和抛撑。

水塔外脚手架的拆除注意事项如下：

（1）拆除脚手架时，必须按上述顺序由上而下一步一步地依次拆除，严禁用拉倒或推倒的方法拆除。

（2）水塔外脚手架拆除时至少三人配合操作，并佩戴安全带和安全帽。

（3）拆除前应确定拆除方案，对各种杆件的拆除顺序做到心中有数。

（4）缆风绳的拆除要格外注意，应由上而下拆到缆风绳处才能对称拆除，严禁为工作方便将缆风绳随意乱拆，避免发生倒架事故。

（5）在拆除过程中要特别注意脚手架的缺口、崩扣以及搭得不合格的地方。

5.6 水塔内脚手架

5.6.1 水塔内脚手架的形式

水塔内脚手架一般根据上料架设在塔内或塔外布置成图5-68和图5-69所示的两种形式。

（1）如图5-67所示的布置形式，上料架设在水塔内，水塔筒身的内脚手架和水箱内脚手架分别搭设在已施工完的水塔地面和水箱底板上，水箱内脚手架可以设置上料吊杆，以便施工材料的上下吊运。

（2）如图5-68所示的布置形式，上料脚手架设在水塔外，在施工时，先搭设筒身的内脚架至水箱底，待水箱底施工完毕后，再在水箱下吊运。

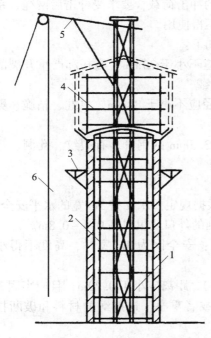

图5-67 水塔内脚手架布置形式（一）

1—井形上料架；2—内脚手架；3—三角托架；
4—水箱内脚手架；5—上料吊杆；6—钢丝绳

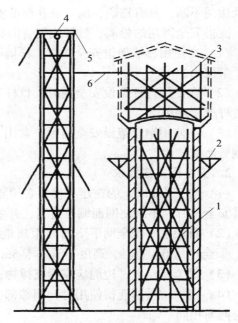

图5-68 水塔内脚手架布置形式（二）

1—筒身内脚架；2—三角托架；3—水箱内脚
手架；4—上料井架；5—缆风绳；6—跳板

5.6.2 水塔内脚手架的搭设

水塔内脚手架在搭设时，应根据筒身内径的大小确定拐角处立杆的位置。当水塔内径为3~4m时，一般设立杆4根；当水塔内径为4~6m时，一般用6根立杆。一般要求立杆距离水塔筒壁有20cm的空隙。立杆的位置确定以后，便可以按照常规脚手架的要求进行搭设。

5.6.3 水塔内脚手架的拆除

水塔内脚手架的拆除要求基本上与水塔外脚手架的拆除要求相同，水塔内的空间较小，如果出现安全事故，人员躲避困难，所以拆除时一定要落实各项安全措施，确保安全。

5.7 安全网与安全棚

5.7.1 安全网的搭拆

1. 安全网材质要求

安全网应用锦纶、维纶、涤纶编织而成。水平安全网一般宽为 3m，安全立网一般宽为 1.8 ~ 2.0m，长为 6m，网眼为 50mm 左右。

每块绑扎好的安全网应能够承受不小于 1600N 的冲击荷载，要求受冲击后网绳、系绳以及边绳不断。凡有霉烂、腐朽及孔洞的安全网均不得使用。

支搭安全网用的杉槁、竹杆或钢管的材质要求如下：

（1）在使用杉槁架设安全网时，杉槁小头直径应不小于 70mm。腐朽和严重开裂的杉槁严禁使用。

（2）在使用竹杆架设安全网时，竹杆的小头直径应不小于 80mm。虫蛀、枯脆、劈裂的竹杆严禁使用。

（3）在使用钢管架设安全网时，常用 $\phi48mm \times 3.5mm$ 的钢管。有裂纹、孔洞、弯曲的钢管严禁使用。

2. 安全网支搭要求

（1）对于 4m 以上的在建工程，必须随施工层根据规定要求支搭 3m 宽的水平安全网。支搭安全网时，不宜使网面绷得过紧，并要求安全网的外口比里口高 0.6 ~ 0.8m。

（2）首层水平安全网下陷网面距离地面的高度：安全网为 3m 宽时，高度不得小于 3m；安全网为 6m 宽时，高度不得小于 5m。

（3）每个系点上，边绳应靠紧支撑物，系点均匀，距离应小于 0.70m，且应牢固。

（4）多种材质网连接使用时，相邻部分应靠紧或者重叠，连接绳的材料和破断拉力应与网绳相同。

（5）高层建筑施工的安全网一律采用组合钢管角架来挑支，并且用钢丝绳绷挂。安全网外沿要尽量绷直，内口要同建筑物绑牢固，其空隙不得大于 150mm。

（6）烟囱、水塔等建筑物施工时，井内应设一道安全网，并应同建筑物或脚手架连接牢固。

3. 钢吊杆架设安全网

用一套工具式的钢吊杆来架设安全网十分轻巧、方便，如图 5 - 69 所示。

（1）吊杆是把长 1.56m 的 $\phi12mm$ 钢筋上端弯一个直挂钩而得，以便于挂在埋入墙体中的销片上。在直挂钩的一侧焊有一个平挂钩，用于挂设安全网，在下端焊有装斜杆的活动铰座、靠墙板以及挂尼龙绳的环。靠墙板的作用是保持吊杆稳定。吊杆沿建筑物外墙面设置，其间距应与房间开间相当，通常以 3 ~ 4m 为宜。

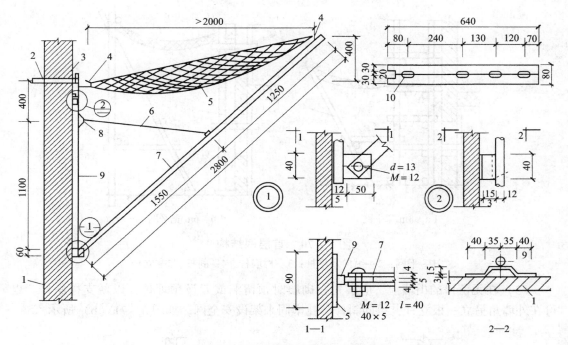

图 5-69　钢吊杆架设安全网

1—砖墙；2—销子；3—销片；4—$\phi12$ 钢筋钩；5—安全网；

6—尼龙绳；7—斜杆；8—卡子；9—$\phi12$ 吊杆；10—销孔 $14 \times 30R7$

（2）斜杆是用 2 根长 2.8m 的 $\llcorner 25 \times 4$ 角钢所焊成方形截面，在其顶端焊 $\phi12mm$ 的钢筋钩，用来张挂安全网。

（3）割掉斜杆的底端角钢一边，使其成为相对的两块夹板，并将其打扁以便于用螺栓与吊杆的铰座连接。

（4）在斜杆的中部焊上挂尼龙绳的环，尼龙绳用卡钩挂在斜杆及吊杆的环上，借助尼龙绳的长度来调节斜杆的倾斜度。

4. 杆件支搭水平安全网

当脚手架高度 $H \leqslant 24m$ 时，如图 5-70（a），所示首层网伸出脚手架作业层外立面 3~4m；当脚手架高度 $H > 24m$ 时，如图 5-70（b）所示，首层网伸出脚手架作业层外立面 5~6m。

使用杉槁、竹杆或者钢管支搭安全网时，至少需要 4~5 人配合，上下层同时操作。

支搭水平安全网的顺序和方法如下：

（1）当墙面有窗口时，先将安全网的外连墙件（横放在窗口外）通过上一层的窗口伸出去，并同内连墙件（横放在窗口内）绑扎牢固。用斜杆在下一层的窗口处与安全网的纵向水平杆绑扎好，然后将斜杆从窗口内支出去撑在窗台上，再同外连墙件绑扎牢，最后将内外连墙件绑扎牢固，如图 5-71（a）所示。也可以在地面上将安全网与纵向水平杆和斜杆系好绑扎好，然后用绳子将其吊上去再与外连墙件绑扎后斜向伸出去。

（2）要求支出去的安全网外口与墙面的距离不得小于 2m，支设安全网的斜杆的间距不得大于 4m。

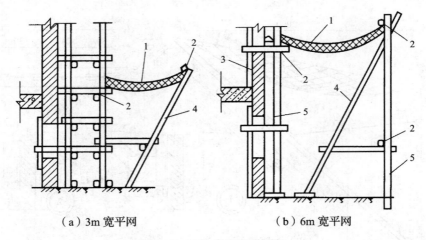

（a）3m宽平网   （b）6m宽平网

图5-70 首层网结构

1—平网；2—纵向水平杆；3—栏墙杆；4—斜杆；5—立杆

（3）在无窗口的山墙上，应事先在砌墙时预留洞或者设预埋件，以便支撑斜杆。也可在外墙角另立一根立杆，再同斜杆绑扎牢固来架设安全网，如图5-71（b）所示。

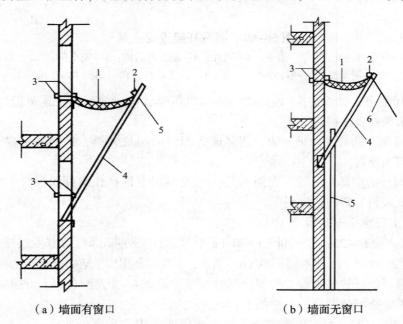

（a）墙面有窗口   （b）墙面无窗口

图5-71 杆件支搭水平安全网

1—平网；2—纵向水平杆；3—栏墙杆；4—斜杆；5—立杆；6—麻绳

若在脚手架上设置水平安全网，则应在设置水平安全网支架的框架层上、下节点各设置一个连墙件，在水平方向每隔两跨设置一个连墙件，如图5-72所示。

5. 抱角式悬挑支架支搭安全网

在大模板结构施工中，山墙阳角处可采用抱角式悬挑支架支搭安全网，此种设备由抱角支架、抱角支架固定器以及侧墙支撑器等组成，见表5-14。

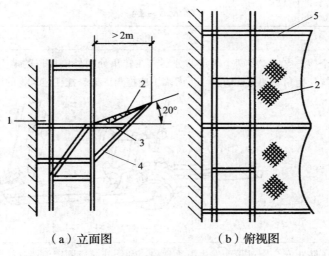

（a）立面图　　　　　　（b）俯视图

图 5－72　安全网支架处设置连墙件

1—连墙件；2—安全网；3—安全网支架拉杆；4—安全网支架撑杆；5—安全网支架

表 5－14　抱角式悬挑支架支搭安全网

项目	图示及说明
抱角支架	在建筑物的每个转角处安装一台抱角支架，用来支撑安全网 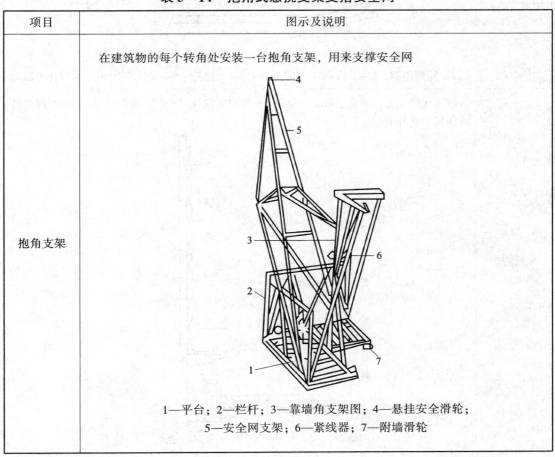 1—平台；2—栏杆；3—靠墙角支架图；4—悬挂安全滑轮； 5—安全网支架；6—紧线器；7—附墙滑轮

续表 5 - 14

项目	图示及说明
抱角支架的固定器	每个抱角支架需要两个固定器分别卡在转角处两外墙窗口的墙上，再用两根钢丝绳分别拉住抱角支架支柱的上、下两端，使抱角支架悬挂在建筑物的墙角处 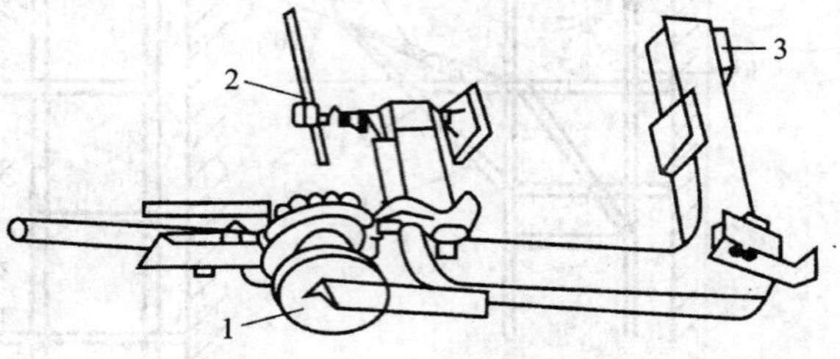 1—滚筒；2—夹墙丝杆；3—滑轮
侧墙支撑器	为了防止安全网过长而发生下垂现象，利用外窗口固定侧墙支撑器将安全网撑起来 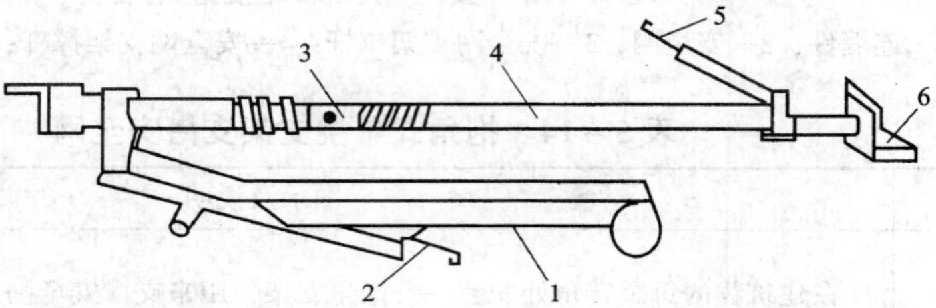 1—固定角钢；2—下钩；3—花篮螺栓；4—支撑杆；5—安全网上钩；6—撑杆上挡
屋面防护卡具	在屋面施工时，可用屋面防护卡具卡在檐口板前缘，其间距为 1～1.5m，安全网就挂在卡具的立杆上 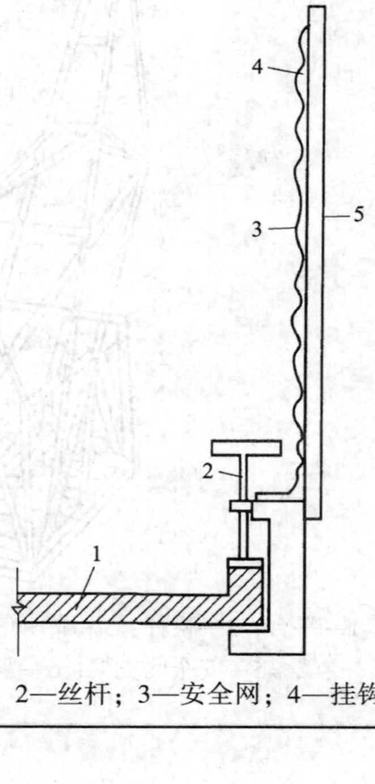 1—檐向板；2—丝杆；3—安全网；4—挂钩；5—立杆

6. 立网的搭设

高层建筑使用外脚手架施工时，沿脚手架的外侧面应全部设置垂直于地面的立网。立网设置有两种，其中一种为全封闭立网，常用于高层建筑、高耸构筑物、悬挑结构以及临街建筑的外脚手架；而另一种则为非封闭立网，用于作业面和施工工程的临边防护。

（1）为防止人、物坠落而引发事故，对提升机、井架、人行梯道以及斜道等的周围，应使用立网封闭。

（2）设置立网时，其下口同支杆或建筑物之间结扎点的间距应不大于 500mm。下边沿应设挡脚板，并且上下网之间的拼接应严密。

（3）若没有外脚手架时，应设置立网架子（单排，固结在结构物上）或者采用有支架立网，但网体应采用平网材料。

（4）立网安装时，安装平面应垂直于水平面，网面与平面边缘的最大间隙不得大于100mm。

（5）对于非封闭立网，网的上口应比施工作业面高出 1.2m 以上。

5.7.2 安全棚的搭拆

1. 安全棚的作用

施工现场既能用安全棚来分隔施工现场内部与外部，或者隔离现场内不同作业区域之间的相互影响，又可以用来防护因施工引起的各种有害影响。

施工现场的安全隐患有：物料坠落、污水流淌、灰尘弥漫、泻落电弧以及火花等，而其中物料的坠落危害最大，这也是安全棚防护的重点。

分隔棚可以采用棚布、竹笆等柔性材料（防电弧、火花的防护棚应采用阻燃材料），而防护棚则应采用有抗冲击能力的板材，比如脚手板、木板、钢板、混凝土板。为了增强防护棚的综合防护能力，也有用两种以上材料做防护棚的，例如木板加安全网、竹笆加混凝土板以及钢丝（筋）网加竹胶板等。

2. 安全棚搭设准备

（1）确定防护性质和防护范围。凡高处作业均应防物料坠落，另外，还应根据作业环境确定是否需防火、防水。高处作业防护范围可按照《高处作业分级》GB/T 3608—2008 的规定，分为下列四个级别：

1）一级高处作业：作业高度为 2～5m，坠落半径为 3m。

2）二级高处作业：作业高度为 5～15m，坠落半径为 4m。

3）三级高处作业：作业高度为 15～30m，坠落半径为 5m。

4）特级高处作业：作业高度 30m 以上，坠落半径为 6m。

（2）了解现场环境。通过现场查勘，了解现场电力、通信线路的位置、定向，电杆、消防栓、高大树木等固定物体的位置、高度，现场内外的车道、人行道的位置及通行情况，现场施工设施的位置等情况。

（3）编制安全棚搭设方案。搭设方案应确定安全棚的平面布置、架空高度、搭设材料、顶盖材料及处理措施等。在城区或交通密集区域，安全棚搭设方案还应上报相关部门协调批准（交通、市政、消防、绿化、派出所及城管办等）。

3. 安全棚的搭拆要求和方法

（1）安全棚的搭拆要求。

1）搭设前，要对作业人员进行安全技术交底，行人、车辆通行频繁的地段宜在夜间施工。

2）人行道安全防护棚搭设高度：上横杆离人行道地面垂直距离为 3m，上横杆离下横杆间距为 400~500mm，立杆、水平杆的间距为 1.8~2m。

3）人行道外侧靠路沿至施工现场临时围墙间距一般为 2~3m。

4）跨越公路安全防护棚的搭设高度：从公路路面至安全防护棚横杆的垂直高度为 5m，路面至安全防护棚下横杆为 4.5m，搭设跨度为 6~6.5m（公路宽度）。立杆、水平杆间距为 1.5~1.8m。

5）安全防护棚靠外侧设置向外倾斜 75°，高为 1.2~1.5m 的防护围挡。

6）为增强抗冲击能力，安全防护棚应采取双层顶盖，上下两层顶盖间距不大于 1m。上下两层顶盖都要满铺抗冲击板材。

7）为增强安全防护棚架的稳定性，在纵横方向都要设置剪刀撑和扫地杆。

8）跨越公路的水平杆中间不允许有接头，若跨度较大，应采用型钢桁架结构做支撑架。

（2）安全棚的搭拆方法。安全棚的搭拆方法可参照扣件式钢管脚手架的搭拆。

6 脚手架的施工安全

6.1 安全防护设施

在建筑施工过程中，常用的特种安全保护用具有安全帽、安全带以及安全网等。安全防护设施保护的方式有围挡措施、遮盖措施、加固措施、支护措施、解危措施、监护措施以及警示措施。正确使用安全帽、安全带、安全网是实现安全生产的重要保证之一。

6.1.1 安全帽

1. 安全帽的构造

安全帽主要由帽壳、帽衬、下颚带、吸汗带以及通气孔组成，其构造如图6-1所示。

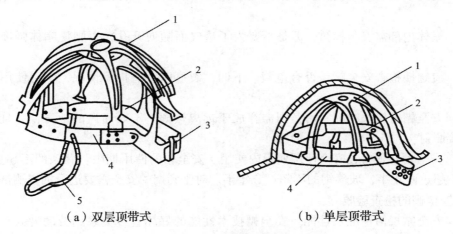

（a）双层顶带式　　　　（b）单层顶带式

图6-1　安全帽构造

1—顶带；2—帽箍；3—后枕箍带；4—吸汗带；5—下颚带

安全帽的规格要求见表6-1。

表6-1　安全帽的规格要求

项　目	规　格　要　求
帽箍长度尺寸	1号（611~660mm），2号（570~610mm），3号（510~569mm）
帽重	帽重应在符合技术性能要求的同时尽可能的轻，一般不应超过430g
颜色	安全帽的颜色一般以醒目的颜色为宜，如橘红、黄色和白色等

2. 安全帽的种类

我国目前生产的安全帽基本可分为两种：通用安全帽与矿工帽。各种不同材料制成的安全帽的形式、结构不同，其性能也各有不同。近年来随着合成树脂工业的发展，安全帽的质量不断地提高，品种也不断地更新。安全帽的材料及规格形式见表6-2。

表 6 - 2　安全帽的材料及规格形式

材　料	规　格　形　式
玻璃钢安全帽	有三筋大沿式和三筋小沿式两种
聚碳酸酯塑料安全帽	有三筋大沿式和三筋小沿式两种
改性聚丙烯塑料安全帽	帽壳用改性聚丙烯注塑有大沿、小沿以及多种加强筋形式
超高分子量聚乙烯塑料安全帽	外形可制成小沿以及多种加强筋形式

注：以上安全帽都适用于要求抗冲击强度较高的高层建筑施工作业。

3. 安全帽的正确使用

（1）缓冲衬垫的松紧要借助带子调节，头顶和帽体内部至少要有 32mm 的空间，在遭受到冲击时帽体才会有足够的变形空间，而在平时这种间隔也有利于通风。

（2）要将下颚带系结实，安全帽要戴正，否则就会由于物体坠落时全帽掉落而发生事故。

（3）帽体内部需安装帽衬，但是不要为了透气而随便开孔，否则使帽体强度显著降低。

（4）应定期检查安全帽是否有龟裂、下凹、裂痕以及磨损等情况，不得使用有缺陷的帽子。

（5）安全帽若较长时间不用，则需存放于远离热源、干燥通风的地方，并且不能受日光直接照射。

（6）安全帽必须要在安全使用期限内使用。安全帽的使用期限：藤条的不超过两年，塑料的不超过两年半，玻璃钢的不超过三年半。对于到期的安全帽要进行抽查测试。

4. 安全帽的检查验收

（1）安全帽规格标准及性能。安全帽技术性能的好坏直接关系到劳动者人身安全的可靠程度，所以安全帽的规格及制造质量必须满足国家标准。

安全帽的规格及技术性能要求见表 6 - 3、表 6 - 4。

表 6 - 3　安全帽的规格

项　目		规　格
帽箍尺寸	小号	51 ~ 56cm
	中号	57 ~ 60cm
	大号	61 ~ 64cm
系带		应采用软质纺织物，宽度不小于 10mm 的带或直径不小于 5mm 的绳
质量		普通安全帽不超过 430g，防寒安全帽不超过 600g
帽壳内部尺寸		长：195 ~ 250mm；宽：170 ~ 220mm；高：120 ~ 150mm
帽舌		10 ~ 70mm
帽檐		≤70mm

续表 6 – 3

项　目	规　格
佩戴高度	佩戴高度应为 80～150mm
垂直间距	≤50mm
水平间距	5～20mm
凸出物	帽壳内侧与帽衬之间存在的突出物高度不得超过 6mm，凸出物应有软垫覆盖
通气孔	当帽壳留有通气孔时，通气孔总面积为 150～450mm²

表 6 – 4　安全帽的技术性能要求

类　别	项目	要　求
基本要求	冲击吸收性能	将经过 4h 浸水处理的安全帽套于头模上，用 5kg 钢锤自 1m 高度落下进行冲击试验，头模所受冲击力的最大值不应超过 4900N
	耐穿透性能	将经 4h 浸水处理的安全帽套于头模上，用 3kg 钢锥从 1m 高度自由平稳下落冲击安全帽顶中心范围的薄弱部分，钢锥不应与头模接触
其他要求（根据特殊用途和实际需要增加）	耐低温性能	在 20℃ 时，安全帽的冲击吸收性能和耐穿透性能仍应能满足基本要求
	阻燃性能	按规定的火焰燃烧安全帽 10s，移开火焰后，帽壳火焰在 5s 内应能自灭
	电绝缘性能	交流电 1200V 耐压试验 1min，泄漏电流不应超过 1.2mA
	侧向刚性	将安全帽横向加 0.43kN 的力，帽壳最大变形不应超过 40mm，卸载后变形不应超过 10mm
	永久性标志	1. 制造厂名称及商标、型号 2. 制造年、月 3. 生产许可证编号

（2）检查验收。

1）安全帽的检查验收应按照安全帽的规格和性能要求进行。

2）每顶安全帽上，都必须有表 6 – 4 中所列的三项永久性标志。

3）帽壳及帽衬有异常损伤、裂痕或者缺衬带等现象，水平垂直间距不符合标准要求的，均不准使用。

6.1.2　安全带

安全带是预防高处作业人员坠落伤亡事故所使用的防护用具。我国规定在高处（2m

以上）作业时，除作业面的防护之外，作业人员必须佩戴安全带。

由于坠落的高度愈大，受到的冲击力愈大，所以，安全带必须有足够的强度承受人体坠落时的冲击力，绳长不能太长，架子工安全带绳长为 1.5m。

1. 架子工安全带的构造

架子工安全带分为单背带式和双背带式两种。图6-2所示为架子工单背带式安全带。安全带是由内腰带、背带、挂绳和金属配件组成，挂绳结构为下端接腰带，上端系挂钩，离上端 240mm 处用圆环将挂绳分为两节，圆环供套接挂钩用。

2. 安全带的使用和保养

每次使用安全带前应做一次外观检查，发现磨损、断胶、霉变等情况应停止使用。安全带使用和保养要点如下：

（1）使用时应将挂钩、圆环挂牢，扣紧活梁卡子。架子工安全带的安全绳应采用高挂低用的拴挂方法，尽可能避免平行拴挂，切忌低挂高用，否则坠落时将增加冲击力，容易发生危险，如图6-3所示。

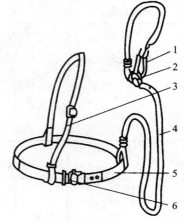

图 6-2 架子工单背带式安全带
1—挂钩；2—圆环；3—背带；
4—挂绳；5—腰带；6—活梁卡子

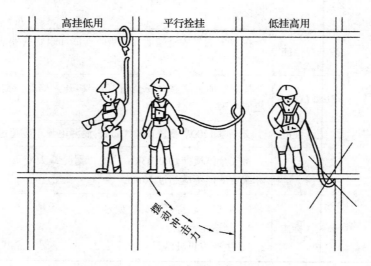

图 6-3 安全带拴挂方法

（2）吊带应放在腿的两侧，不要将挂绳打结使用，挂钩必须挂在连接环上，不应直接挂在安全绳上。

（3）安全带应避开尖刺、钉子等，并不得接触明火。

（4）安全带上的各种部件不得任意拆掉，更换新绳时要注意加绳套。

（5）安全带要经常保持清洁，弄脏后可用凉的清水与肥皂水清洗，并在阴凉处晾干。

（6）使用后的安全带卷成盘，放置在干燥的架子上或吊挂起来，不要接触潮湿的墙壁，不宜放在经常热晒的场所。金属配件上可涂些润滑油（机油），以防生锈。

3. 安全带的一般要求

（1）总体结构要求。

1）安全带同身体相接触的一面结构应平滑，不应有凸出物。

2）安全带不应使用回料或再生料，并且使用皮革不应有接链。

3）安全带可与工作服合为一体，但不封闭在衬里内。

4）安全带根据《安全带测试方法》GB/T 6096—2009 的规定方法进行模拟人穿戴测试，腋下、大腿内侧不应有绳、带之外的物品，不应有任何部件压迫喉部、外生殖器。

5）坠落悬挂安全带的安全绳同主带的连接点应固定于佩戴者的后背、后腰或胸前，不应位于腋下、腰侧或腹部。

6）旧产品应按《安全带测试方法》GB/T 6096—2009 的规定方法进行静态负荷测试，当主带或安全绳的破坏负荷低于 15kN 时，该批安全带应报废或更换相应部件。

7）当围杆作业安全带、区域限制安全带、坠落悬挂安全带分别满足技术要求时可组合使用，各部件应有明显标志。

8）坠落悬挂安全带应带有一个足以装下连接器及安全绳的口袋。

（2）零部件要求。

1）金属零件应浸塑或电镀以防锈蚀。

2）调节扣不应划伤带子，可以使用滚花的零部件。

3）所有零部件应顺滑，无材料或制造缺陷，无尖角或锋利边缘。

4）金属环类零件不应使用焊接件，不应留有开口。

5）连接器的活门应有保险功能，应在两个明确的动作下才能打开。

6）金属零件按《安全带测试方法》GB/T 6096—2009 的规定方法进行盐雾试验，应无红锈或其他明显可见的腐蚀痕迹，但允许有白斑。

7）在爆炸危险场所使用的安全带，应对其金属件进行防爆处理。

（3）织带与绳要求。

1）主带扎紧扣应可靠，不能意外开启。

2）主带不能有接头，宽度不应小于 40mm。

3）辅带宽度不应小于 20mm。

4）腰带应和护腰带同时使用。

5）安全绳（包括未展开的缓冲器）有效长度不应大于 2m，有两根安全绳（包括未展开的缓冲器）的安全带，其单根有效长度不应大于 1.2m。

6）安全绳编花部分可加护套，使用的材料不应同绳的材料产生化学反应，应尽可能透明。

7）护腰带整体硬挺度不应小于腰带的硬挺度，宽度不应小于 80mm，长度不应小于 600mm，接触腰的一面应用柔软、吸汗、透气的材料。

8）织带和绳的端头在缝纫或编花前应经燎烫处理，不应留有散丝。

9）织带折头连接应使用线缝，不应使用铆钉、胶粘、热合等工艺。

10）钢丝绳的端头在形成环眼前应使用铜焊或加金属帽（套）将散头收拢。

11）绳、织带和钢丝绳形成的环眼内应有塑料或金属支架。

12）禁止将安全绳用作悬吊绳；悬吊绳与安全绳禁止共用连接器。

13）所有绳在构造上和使用过程中不应打结。

14）每个可拍（飘）动的带头应有相应的带箍。

15）用于焊接、炉前、高粉尘浓度、强烈摩擦、割伤危害、化学品伤害等场所的安全绳应加相应护套。

16）缝纫线应采用与织带无化学反应的材料，颜色与绳带应有区别。

4．检查验收

（1）安全带的检查验收应根据安全带、绳和金属配件的规格和性能要求进行。

（2）必须使用构造形式和技术性能符合国家标准《安全带》GB 6095—2009 的规定。

（3）冲击力的大小主要由人体体重和坠落距离确定，且坠落距离与安全挂绳的长度有关。使用 3m 以上的长绳时应加缓冲器；对于单腰带式安全带，做冲击试验时荷载不超过 9.0kN。

（4）对架子工安全带做冲击荷载试验时，将其抬高 1m 后，悬挂 100kg 重物，使其自由坠落若不发生破断，则为合格。

（5）安全带一般使用 5 年应予以报废。在使用中应经常检查外观，当发现有异常时，应立即更换，换新绳时要加绳套。使用两年后，按批量进行抽检。悬挂安全带以 80kg 重量做自由坠落试验不破断者为合格；对围杆带做静载试验时，以 2.21kN 拉力，拉 5min，无破断者可继续使用。对抽样过的样带，必须更换安全绳后才能继续使用。

（6）对于速差式自控器（可卷式安全带），自控在 1.5m 距离以内者为合格。

（7）安全带的带体上应缝有商标、合格证和检验证。合格证上应注明产品名称、生产年月、拉力试验、冲击试验、制造厂名称、检验员姓名。

6.1.3　安全网

安全网是用来预防人、物坠落，或用来避免、减轻坠落及物击伤害的网具。

1．安全网的分类

目前国内广泛使用的安全网分为安全平网、安全立网和密目式安全立网三类。安装时不垂直地面，主要用来接住坠落人和物的安全网称为平网；安装时垂直地面，主要用来挡住人或物坠落的安全网称为立网。安全平网、安全立网的网眼一般为（30×30）~（80×80）mm²（俗称大眼网）。密目式安全立网的网眼孔径不大于 12mm（俗称密目网）。

2．安全平网、安全立网

（1）构造。安全平网、安全立网的构造如图 6-4 所示。

1）边绳。围绕网体的边缘并决定安全网公称尺寸，起加强网边缘强度的作用。

2）系绳。把安全网固定在支撑物上。

3）筋绳。用来增加安全网体强度。

（2）规格和技术要求。安全平（立）网的规格和技术要求见表 6-5。

（a）安全平网实物图

（b）安全立网实物图

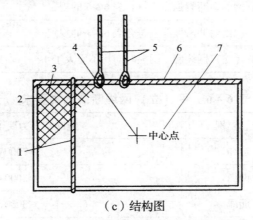
（c）结构图

图 6－4　安全平网、安全立网
1—筋绳；2—网目；3—网目位置；4—冲击位置；5—系绳；6—边绳；7—网体

表 6－5　安全平（立）网的规格和技术要求

项　目	规格和技术要求
材料	平（立）网可采用锦纶、维纶、涤纶或其他材料制成，其物理性能、耐候性应符合标准的相关规定
质量	单张平（立）网质量不宜超过 15kg
绳结构	平（立）网上所用的网绳、边绳、系绳、筋绳均为不小于 3 股单绳制成。绳头部分应经过编花、燎烫等处理，不应敞开
节点	平（立）网上的所有节点应固定
网目形状及边长	平（立）网的网目形状应为菱形或方形，其边长不应大于 8cm
规格尺寸	平网宽度不应小于 1m，立网宽（高）度不应小于 1.2m。平（立）网的规格尺寸与其标称规格尺寸的允许偏差为 ±4%

续表 6 – 5

项　　目	规格和技术要求
系绳间距及长度	平（立）网的系绳与网体应牢固连接，各系绳沿网边均匀分布，相邻两系绳间距不应大于 75cm，系绳长度不小于 80cm。当筋绳加长用作系绳时，其系绳部分必须加长，且与边绳系紧后，再折回边绳系紧，至少形成双根
筋绳间距	平（立）网如有筋绳，则筋绳分布应合理，平网上两根相邻筋绳的距离不应小于 30cm
绳断裂强力	平（立）网的绳断裂强力应符合表 6 – 6 的规定
耐冲击性能	平（立）网的耐冲击性能应符合表 6 – 7 的规定
阻燃性能	阻燃型平（立）网续燃、阴燃时间均不应大于 4s

表 6 – 6　平（立）网绳断裂强力要求

网类别	绳类别	绳断裂强力要求（N）
安全平网	边绳	≥7000
	网绳	≥3000
	筋绳	≤3000
安全立网	边绳	≥3000
	网绳	≥2000
	筋绳	≤3000

表 6 – 7　平（立）网的耐冲击性能要求

安全网类别	平　　网	立　　网
冲击高度	7m	2m
测试结果	网绳、边绳、系绳不断裂，测试重物不应接触地面	网绳、边绳、系绳不断裂，测试重物不应接触地面

3. 密目式安全立网

密目式安全立网的构造如图 6 – 5 所示。

（1）边绳围绕网体的边缘，起加强网边缘强度的作用。

（2）开眼环扣安装在密目式安全立网边缘上，具有一定强度，在使用中网体通过开眼环扣被扎挂在脚手架上。

（3）系绳通过开眼环扣将密目式安全立网固定在脚手架上。

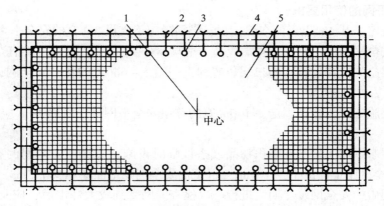

图 6 – 5 密目式安全立网的构造

1—冲击位置；2—系绳；3—开眼环扣；4—试验框架；5—网体

（4）一般要求。

1）缝线不应有跳针及漏缝，且缝边应均匀。

2）每张密目网允许有一个缝接，并且缝接部位应端正牢固。

3）网体上不应有断纱、变形、破洞及有碍使用的编织缺陷。

4）密目网各边缘部位的开眼环扣应牢固可靠。

5）密目网的宽度应为 1.2~2m，长度根据合同双方协议条款指定，但最低不应小于 2m。

6）网目、网宽度的允许偏差为 ±5%。

7）网眼孔径不应大于 12mm。

8）开眼环孔径不应小于 8mm。

（5）基本性能。密目式安全立网的基本性能见表 6 – 8。

表 6 – 8 密目式安全立网基本性能

项 目	基 本 性 能
断裂强力 × 断裂伸长	长、宽方向的断裂强力（kN）× 断裂伸长（mm）应符合：A 级不应小于 65kN·mm；B 级不应小于 50kN·mm
接缝部位抗拉强度	接缝部位抗拉强度不应小于断裂强度
梯形法撕裂强度	长、宽方向的梯形法撕裂强度不应小于对应方向断裂强度的 5%
开眼环扣强度	长、宽方向的开眼环扣强度（N）不应小于 2.45 × 对应方向环扣间距
系绳断裂强度	系绳断裂强度不应小于 2000N
耐贯穿性能	不应被贯穿或出现明显损伤
耐冲击性能	边绳不应破断且网体撕裂形成的孔洞不应大于 200mm × 50mm
耐腐蚀性能	金属零件应无红锈及明显腐蚀
阻燃性能	纵、横方向的续燃及阴燃时间不应大于 4s

4. 安全平网的使用要求

（1）按规定，凡4m以上的在建工程，必须随施工支设3m宽的安全平网。

（2）在安全平网使用时，网外端应高于里端600～800mm，网内不准有杂物。

（3）高层施工应在建筑物的二层位置固定一道5～6m宽的水平安全网，该安全网在高处作业结束后方可拆除。

（4）高层施工时，除要固定一道6m宽的首层安全平网外，每隔10m应设一道3m宽的安全平网。

（5）首层水平网下方不准堆积物品或搭设临时设施，应保证安全网的有效高度。首层3m宽的安全网距地面应不少于3m，6m宽的安全网距地面应不少于5m。

（6）使用中的安全网每星期应进行一次检查。网受到较大冲击后，应及时进行检查，在确认无任何缺损后，方可继续使用，如发现破损应立即予以更换。

（7）安全网安装后，必须经安全专业人员检查合格后方可使用。

（8）修理安全网所用材料、编结方法与原网相同，修理后必须经专业人员检验合格后，方可使用。

5. 安全网检查和验收

（1）安全网的检查验收应按照安全网的规格和技术要求进行。

（2）每张网出厂前，必须有国家指定的监督检查部门批量验证及工厂检验合格证。

（3）应按照使用目的严格地选择网的类型，平网可作立网用，但立网不能代替平网使用（绑在脚手板下的例外）。

（4）安装前必须对网和支撑物进行以下检查：网的标牌与选用相符；网的外观质量无任何影响使用的弊病；支撑物（架）有适合的强度、刚性和稳定性，并且系网处无撑角和尖锐边缘。

（5）密目式立网的网目密度不得低于800目/100cm^2；安装平面应垂直于水平面；网面与平面边缘的最大间隙不得大于100mm；进行耐贯穿性试验时，应采用长为6m、宽为1.8m的密目网，紧绑在倾斜于地面30°的试验框架上，网面绷紧，将直径为48～50mm、重5kg的脚手钢管距框架中心3m高度自由落下，钢管不贯穿者为合格。

6.1.4 安全防护设施的检查验收

1. 安全网的架设要求

（1）一般要求。

1）高度在4m以上的建筑工程施工中，均应架设和张挂安全网。

2）安全网的支撑系统应具有足够的强度、刚度和稳定性。支撑杆件可采用（$\phi48$～$\phi57$mm）×（3～4.5mm），原木梢直径应不小于70mm，竹杆梢直径应不小于80mm。

3）安装时，边绳应与支撑物（架）靠紧，在每个系结点上，系绳的结点沿网边均匀分布，其距离不大于750mm；系点应连接牢固、受力后不会松脱，并易解开。

4）有筋网安装时，应把筋绳连接在支撑物（架）上。

5）多种网连接使用时，相邻部分应靠紧或重叠，连接绳的材料和破断力应与网绳相同。

6）在输电线路附近安装安全网时，必须事先请示主管部门，并采取适当的防触电措施。

7）在高层建筑施工中，满高搭设或悬挑附着搭设的外脚手架均应对其外立表面进行封闭或半封闭围护，保证不发生人员和物品坠落；在首层搭设伸出宽度不小于4m的双层安全平网，双层网间距为0.8~1.2m，支撑架应有足够的整体刚度。

（2）平网的设置要求。平网的设置形式一般有四种：即首层网、随层网、层间网和洞口网。

1）安装时应与水平面平行或外高里低，一般以15°为宜。

2）负荷高度一般不超过6m；由于施工需要超过6m（最大不得超过10m）时，必须附加钢丝绳缓冲等安全措施。

3）负载高度在5m以下时，网应伸出建筑物（或最边缘作业点）不小于2.5m；负荷高度在5~10m时，最少应伸出3m。

4）平网安装时不宜绷紧，安装后其水平投影宽度比网宽少0.5m左右。如宽3m和4m的网，安装后的水平投影宽度分别为2.5m和3.5m；网与其下方的物体表面的最小距离不得小于3m。

5）首层网是距地面最低的第一道安全网。安装时伸出建筑物或作业点外边缘的宽度：施工高度在六层以下的，其总高度应不大于18m，伸出宽度约为3~5m；施工高度在六层以上的，总高应大于18m，伸出宽度应大于5m；对于烟囱、水塔等高耸建筑物，应采用双层网，伸出宽度约为6m。

6）首层网最低处距地面或坚硬物体的高度，当网宽为3~5m时，应不低于3m；当网宽为6m时，应不低于5m。

7）随层网是随施工作业层搭设的安全网。对于外脚手架只设置一步脚手板的、作业层在首层网以上超过3m的、大空间公共建筑（不论有无满堂脚手架）等情况，必须设置随层网。

8）层间网是位于首层网和施工作业层之间的安全网，设置时应自首层网往上布置，每间隔3~4层进行设置。

9）层间网的设置宽度：当负载高度不大于5m时，设置宽度应不小于2.5m；当负载高度大于5m时，设置宽度为3m。

10）层间网的撑杆间距：当使用钢管撑杆时，不大于5m；当使用竹、木撑杆时，不大于3m。网片下垂的最低点与挑支杆的距离不小于1.5m。

11）洞口网是在楼电梯、天井口和其他水平洞口设置的安全网。设置时，对于采光井、电梯井，应在井口首层及每隔3~4层设一道；对于较大洞口，应覆盖在洞口之上，四边用钢管绷紧。

（3）立网的设置要求。立网设置有两种，一种为全封闭立网，常用于高层建筑、高耸构筑物、悬挑结构和临街建筑的外脚手架；另一种为非封闭立网，用于作业面和在施工工程的临边防护。

1）为避免人、物坠落事故，对提升机、井架、人行梯道、斜道等的周围，应用立网封闭。

2）设置立网时，其下口与支杆或建筑物之间应结扎牢固，结扎点的间距应不大于500mm。下边沿应设挡脚板，上下网之间的拼接应严密。

3）如果无外脚手架时，应设置立网架子（单排，固结在结构物上）或采用有支架立网，但网体应采用平网材料。

4）立网安装时，安装平面应与水平面垂直；网面与平面边缘的最大间隙不得大于100mm。

5）对于非封闭立网，网的上口应高出施工作业面1.2m以上。

2. 其他安全围护设施的检查验收

其他安全围护设施按其实施保护的方式可分为以下七类：围挡措施、支护措施、遮盖措施、加固措施、解危措施、监护措施以及警示措施，见表6−9。

表6−9 其他安全围护设施

序号	种类	说明及要求
1	围挡措施	围挡措施即指围护和挡护措施，包括对施工区域、危险作业区域和有危险因素的作业面进行单面的、多面的和周围的围护和挡护措施。围挡措施应符合以下要求： 1. 围挡高度应满足安全要求，且作业面围挡应不低于1.1m；围墙应不低于2.0m； 2. 围挡材料应符合要求； 3. 围挡结构应可靠、稳固； 4. 临时性的围挡应便于移动和拆除； 5. 有相应的防火措施
2	支护措施	支护措施即对有可能发生坍方和倒塌事故的危险源采取支撑、稳固的措施。支护措施应达到如下要求： 1. 重要的支护措施应有严格的设计计算，并经主管部门审查批准； 2. 支护措施的安全系数不能小于1.5； 3. 支护的材料质量、加工质量和安装质量应符合设计要求； 4. 重要的支护作业应有施工组织设计或施工安全技术措施； 5. 支护结构的支承地基或结构应可靠，必要时应进行验算。验算不够时，应进行加固； 6. 支护措施的施工必须有统一的指挥和安全监护人员； 7. 支护措施设置以后，应经常进行检查观测，发现异常时，应立即采取措施； 8. 重要支护设施的撤除时间和撤除措施应经过有关部门批准，避免拆除时发生意外
3	遮盖措施	遮盖措施即指盖护、棚护和遮护措施。遮盖措施应满足以下要求： 1. 安装应牢固、可靠； 2. 应无绊脚物或凸出物； 3. 应具有足够的防护能力； 4. 临时性遮盖应便于移动或拆除； 5. 应能满足通风的要求； 6. 应具有相应的防火措施

续表 6 – 9

序号	种类	说明及要求
4	加固措施	加固措施即指对施工中的承载力不足或不稳定的结构、设备以及其他设施（包括施工设施）进行加固，以避免发生意外。加固措施应满足以下要求： 1. 加固措施必须进行严格的设计计算，并经主管部门或设计部门审批、会签； 2. 涉及永久性的工程结构加固措施应由工程设计单位提出； 3. 重要的加固作业应有施工组织设计和施工安全技术措施； 4. 加固措施不得损伤建筑结构和设备，无法避免时，应经过业主同意； 5. 加固作业应严格按加固设计的程序进行，统一指挥并有安全监护人员； 6. 加固以后，应经常进行检查观测，发现有异常时，立即采取措施
5	解危措施	当发生危险时，通过解危措施消除危险，如用电安全中的安全接零、接地、漏电保护和避雷接地等。解危措施应满足以下规定： 1. 严格执行安全用电和安全防火的有关规定； 2. 经常检查安全接零、接地、避雷接地和漏电保护装置的情况。有不符合规定的情况时，应及时解决
6	监护措施	监护措施即指对不安全和危险性大的作业进行人员监护、设备监护和检测监护。监护措施如下： 1. 随时掌握作业进展情况； 2. 有险情时及时报警或救助； 3. 及时制止危及作业人员安全的行为
7	警示措施	警示措施即指警示和提醒人们不要进入危险区域和触及危险源的措施。在已设有围挡、遮盖、撑护等措施的情况下，加上警示措施可以进一步确保安全；在不可能采取其他安全保护措施的情况下，警示措施就成为唯一可行的安全保护措施。警示措施应做到： 1. 设（挂）置危险警示牌； 2. 夜间设红色警示灯； 3. 工地设安全事故宣传栏或板报，设安全标语牌

6.2　安全技术操作规程

6.2.1　施工现场

（1）参加施工的工人（包括徒工、实习生、代培人员和民工）应熟知本工种的安全技术操作规程。在操作中应坚守岗位，严禁酒后操作。

（2）正确使用个人防护用品和安全防护措施。进入施工现场，必须戴安全帽，禁止穿拖鞋或光脚。在无防护措施的高空、悬崖和陡坡施工，必须系安全带。上下交叉作业有危险的出入口应有防护棚或其他隔离措施。距地面3m以上作业要有防护栏杆、挡脚板及安全网。脚手架各层外立面应扎挂安全立网，以防施工时发生安全事故。

安全帽、安全带、安全网应定期检查，不符合要求者，严禁使用。

（3）施工现场的脚手架、防护设施、安全标志和警告牌，不得擅自拆除。需要拆除的，应经过工地施工负责人同意。

（4）施工现场的洞口、坑、沟、升降口、漏斗等沿边危险处，均应有防护设施或明显标志。

（5）施工现场应有交通标志。在危险地区，应悬挂"危险！"或"禁止通行！"等标志牌。夜间设红灯示警。

（6）在架空输电线路下面工作时应停电。不能停电时，应有隔离保护措施，并保证有足够的安全距离。

（7）行灯的电压不得超过36V，在潮湿场所或金属容器内工作时，行灯的电压不得超过12V。

6.2.2 高处作业

1. 高处作业的定义

凡在作业区域最低坠落的着落点2m以上有可能坠落的高处进行作业，均称为高处作业。

2. 高处作业的级别及可能坠落范围半径 R

作业区各作业位置至相应坠落高度基准面之间的垂直距离的最大值，称为该作业区的高处作业高度。高处作业分为四级：

（1）高处作业高度在 2~5m 时为1级高处作业，可能坠落范围半径 $R=2m$。

（2）高处作业高度在 5~15m 时为2级高处作业，可能坠落范围半径 $R=3m$。

（3）高处作业高度在 15~30m 时为3级高处作业，可能坠落范围半径 $R=4m$。

（4）高处作业高度在 30m 以上为特级高处作业，可能坠落范围半径 $R=5m$。

3. 高处作业种类

高处作业分为一般高处作业和特殊高处作业两种。特殊高处作业包括以下几个类别：

（1）强风高处作业：在阵风风力为六级（风速为10.8m/s）以上的情况下进行的作业。

（2）异温高处作业：在高温或低温环境下进行的高处作业。

（3）雪天高处作业：降雪时进行的高处作业。

（4）雨天高处作业：降雨时进行的高处作业。

（5）夜间高处作业：室外完全采用人工照明时进行的高处作业。

（6）带电高处作业：在接近或接触带电体条件下进行的高处作业。

（7）悬空高处作业：在无立足点或无牢靠立足点的条件下进行的高处作业。

（8）抢救高处作业：对突然发生的各种灾害事故进行抢救的高处作业。

特殊高处作业以外的高处作业为一般高处作业。

4. 高处作业的防护设施和要求

根据国家规定的高处作业分级标准，对不同等级的高处作业应采取相应的防护措施。

（1）2m 以上的各种脚手架均应按规程标准支搭设，凡铺脚手板的施工层均应在脚手架外侧绑搭设栏杆与挡脚板。施工层脚手板必须铺平、铺实，脚手架上不准留单挑板、探头板。脚手板与施工建筑物的间隙应不大于 200mm。

（2）操作人员应系好安全带进行作业。在施工中采用脚手架做外防护时，防护高度必须始终保持在 1m 以上。

（3）安全网是高处作业的重要防护措施。按规定，凡 4m 以上的在建工程，必须随施工层支设宽 3m 的水平安全网，高层施工时要支设宽 6m 的水平安全网。如果因施工现场条件所限不能支设宽 6m 水平安全网时，在窄网一侧应挂立网或加设平网。

（4）各种脚手架在投入使用之前，必须经过安全技术部门验收。高大的脚手架和特殊脚手架应由技术部门编制专项方案，并经施工部门上级技术领导批准后方能实施；脚手架搭设完毕，应由批准方案的技术领导到场验收。

（5）高度超过 24m 的高层脚手架应有设计方案、计算书、施工图、书面安全技术交底，并经施工部门上级技术领导审批。

（6）高层悬挑脚手架搭设方案要根据工程情况，以 15～18m 为一段，采用挑、撑、吊等卸荷方法。高层悬挑脚手架验收也应按搭设方案对脚手架的各部分分别进行检查。在脚手架接高后，如已验收部分出现问题，应先进行补救加固，然后再接高脚手架，确保脚手架结构的整体稳定性。

（7）高层悬挑脚手架与建筑物拉接十分重要，除适当加密拉接点外，建筑物与脚手架还应采取刚性拉接措施。

5. 安全技术操作规程

（1）从事高处作业的操作人员应定期体检。凡患高血压、心脏病、贫血病、癫痫病、眩晕症以及其他不适合于高处作业的人员，不得从事高处作业。

（2）高处作业衣着要灵便，禁止穿硬底和带钉易滑的鞋。

（3）高处作业所用材料要堆放平稳，工具应随手放入工具袋内，禁止抛掷上下传递物体。

（4）如遇恶劣气候（如风力大于 6 级以上、暴雨、大雪、大雾等）影响施工安全，禁止进行露天高处、起重和打桩作业。

（5）梯子不得缺档，不得垫高使用。梯子横档间距以 300mm 为宜。使用时，梯子上端应扎牢，下端采取防滑措施。单面梯与地面夹角以 60°～70° 为宜，禁止两人同时在梯上作业。如梯子需接长使用，应绑扎牢固。人字梯底脚要拉牢。在通道处使用梯子，应派专人监护或设置围栏。

（6）严禁在未设安全防护设施的屋架上弦、支撑、桁条、挑架的挑梁和未固定的构件上行走或作业。高处作业与地面应采用通信设备进行联系，并有专人负责。

（7）乘人的外用电梯、吊笼，应有可靠的安全装置。除指派的专业人员外，禁止攀登起重臂、绳索和随同运料的吊篮、吊装物上下。

6.2.3　季节性施工

季节性施工中的安全生产，应根据不同工程、不同情况、不同工序的特点，采取有针对性的措施。

1. 雨季施工

（1）雨季施工时，应经常注意各种露天使用的电气设备、电气开关箱的防雨措施是否落实。经常检查现场电气设备的接零、接地保护措施是否符合要求，检查漏电保护装置是否灵敏，电线绝缘是否良好。雨期使用移动电气设备和手持电动工具时，应采取双重保护措施。

（2）暴雨台风前后，要检查工地的临时设施、脚手架、机电设施、临时线路，发生倾斜、变形、下沉、漏雨、漏电等现象，应及时加固修理，有严重危险的应立即排除险情。

（3）加强挡水和排水措施，注意预防塌方事故的发生。

（4）夏季作业应调整作息时间。从事高温作业的场所，应加强通风和降温措施。

（5）高层建筑、烟囱、水塔的脚手架及易燃、易爆仓库和塔吊、打桩机等机械，应设临时避雷装置。

（6）现场道路应加强维护。斜道和脚手板应有防滑措施。

2. 冬季施工

（1）冬季施工取暖，应符合防火要求，防止一氧化碳中毒。

（2）注意防滑，大风雪天不准从事危险作业。

（3）高处作业人员应衣着灵便，系好安全带。

6.3　架子工安全操作

6.3.1　有关脚手架施工的安全管理规定

（1）使用新型或自制工具式金属脚手架，必须有出厂合格证书及组装使用说明，经施工单位上级技术部门鉴定、审批同意后方准使用。

（2）脚手架的材料规格、搭设标准要严格执行《建筑安装工程安全技术规程》中的有关规定。

（3）对于特殊脚手架，在搭设或拆除前，应由技术部门编制专项施工方案并报上级技术领导审批后，由施工负责人向生产班组进行交底，按经批准的方案执行。如变更方案必须经原审批领导批准。

（4）各种脚手架在投入使用前，必须由施工负责人组织搭设和使用脚手架的负责人员及安全管理人员共同对脚手架进行检验，并履行交接手续。

（5）脚手架使用中，架子工应经常进行检查、维修、加固。停用一年以上的脚手架在重新使用前，必须经过检查、修理、鉴定后方可使用。严禁擅自拆改脚手架及其防护措施，如确因施工需要拆改，应报经施工负责人同意，并采取加固措施，以确保安全。

（6）各工种使用脚手架时，均应自觉维护脚手架的安全。在使用脚手架前，必须检查脚手板、马道板是否搁置平稳，绑扎牢固；脚手板不得有挑空翘头，板上不得有露头钉子。木工不得在脚手架上进行凿眼、刨料等工作。抹灰工站在脚手架上操作时，每块脚手板上不得超过两人，且不准靠近站立。钢筋工不准在脚手架上进行弯料、断料。不得在脚手架上集中堆放材料与重量较大或产生振动的施工设备。

6.3.2 脚手架搭设作业的一般安全技术要求

1. 按脚手架基本构架单元的要求搭设

按脚手架基本构架单元的要求逐排、逐跨、逐步进行搭设，矩形周边脚手架宜从其中一个角部向两个方向延伸搭设。为确保已搭部分脚手架的稳定，应遵守以下要求：

（1）先放扫地杆，按规定柱距竖立立杆后将其与扫地杆扣接或绑扎牢固。装设第一步纵向水平杆时，将立杆校正垂直后与扫地杆连接牢固。先搭设一个角上两侧 1～2 根杆长和 1 根杆高的架体，在此基础上再向两边延伸搭设，待第一步全部周边搭设完毕，再分步沿周边向上逐步搭设。

（2）在设置第一道连墙点之前，除角部外，应每隔 10～12m 设 1 根抛撑，撑杆与地面的倾角为 45°～60°，设置连墙杆后，方可拆除抛撑。

（3）门式脚手架以及其他纵向竖立面刚度较差的脚手架，在连墙点设置层宜加设纵向水平长杆与接墙件连接。

2. 在搭设作业过程中，应做好个人防护和其他施工人员的安全工作

（1）在脚手架上的工作人员应穿好防滑鞋并佩戴安全带。为便于作业和确保安全，脚手架应铺设足够数量的脚手板，脚手板铺设应平稳，不得有探头板。

（2）在脚手架上的作业人员应做好分工与配合，传递杆件时应掌握好重心，平稳传递。不要用力过猛，以免造成人身或物件坠落。

（3）作业人员需佩带工具袋，操作工具应放在工具袋内，防止工具坠落伤人。

（4）架设材料应随搭设进度随用随上，以免放置不当坠落伤人。

（5）每次收工前，脚手架上的材料应使用完毕，不要存留在作业面上。已搭设的架体应形成稳定结构，不稳定的应进行临时加固。

（6）在搭设过程中，地面配合的施工人员应避开可能坠落物体的区域。

3. 其他安全注意事项

（1）向作业面传送材料应尽量使用起重设备，避免或减少人工传递材料。

（2）进入现场的人员必须戴安全帽。

（3）作业人员不得攀爬脚手架上下，应走房屋楼梯或专用搭设的安全人梯上下。

（4）在搭设脚手架时，不得使用不合格的架体材料。

（5）脚手架的搭设必须由专人指挥，作业人员必须服从统一指挥，不得各行其是。

6.3.3 脚手架拆除作业的一般安全技术规定

1. 脚手架拆除作业的安全技术要求

脚手架的拆除作业的危险性大于搭设作业，因此，在拆除前应制定详细的拆除方案，建立统一指挥并对拆除人员进行安全技术交底。

2. 按既定顺序进行拆除作业

拆除时，应注意以下事项：

（1）拆除脚手板、杆件、门架以及较长、较重、有两端连接的部件时，一定要两人或多人作业。拆除水平杆时，松开连接后，水平托下。拆除立杆时，应先把稳上端，再松开下连接点取下。

（2）一定要按照先搭的后拆、后搭的先拆原则逐件逐层地拆除，并及时将拆下的材料吊运到地面。

（3）应尽量避免单人作业。多人作业时，应加强指挥，严禁不按顺序进行的乱拆乱卸。

（4）因拆除上部或一侧的连墙件而导致架体不稳定时，应加设临时撑拉措施，以免因架子晃动而影响作业安全。

3. 作好现场安全防护工作

（1）拆除现场应设可靠的安全警戒区，并设专人看管，严禁非施工人员进入拆除作业区域。

（2）严禁将拆除下的杆件和材料向地面抛掷。已吊至地面的材料应及时运出拆除区域，保持现场整洁。

（3）作业人员的安全防护要求与搭设作业相同。

6.3.4 事故预防

脚手架事故发生的原因是多方面的，既有架子工自身素质方面的原因，又有企业施工管理方面的原因。为保证脚手架搭拆安全，预防事故发生，应注意以下几个方面：

1. 各级施工负责人必须带头重视安全生产

脚手架搭设关系到整个工程能否顺利进展，工程能否取得较好的经济效益，与脚手架搭设安全与否有直接的关系。脚手架搭设质量优劣也是文明施工落实与否的重要标志。因此各级施工负责人应重视对广大职工进行经常性的安全教育，督促大家遵章守纪，还应严格把好脚手架材料质量关、把好脚手架搭设质量关，严格按技术要求施工，认真进行检查，容不得半点马虎。搭设质量不合格时，一定要坚持整改后才能继续施工，对严重违反规定的搭设，坚决要推倒重来。同时还要求在使用过程中做好保养维护工作，只有脚手架搭设安全稳固才能保证工程顺利施工，才能获得经济效益。

2. 必须选用合适的、符合搭设规定的脚手架材料

许多事故都说明脚手架工程质量低劣，引起倾倒，都是由于采用了不符合标准的材质所致。合格的材质虽然一次性投入较多，但能给整个施工工程造就安全环境。使用不符合要求的材料，虽然一时可以节省一些投入，但却埋下了事故隐患，一旦发生事故就会因小失大，造成更大的经济损失，况且脚手架材料属于周转材料，要满足频繁的搭拆需要，更要坚固耐用。如果材质差，使用中损耗大，相对使用周期就会缩短。换句话讲，虽一次性投入节约了，但周转次数也少了，实际效益也就大打折扣。因此，只有选用符合要求的材料，才能确保脚手架搭设安全，给施工工程带来更大的经济效益。

3. 必须严格按工艺规程和技术要求规范搭拆脚手架

搭设脚手架属于特种作业，要求架子工具备一定的技术素质。脚手架工程不是简单的

"搭搭拆拆"，要求按搭设规定选用不同材料，满足不同脚手架搭设的技术要求，搭设前按照施工要求进行基础处理、夯实地基等，这些工作都需要架子工严格按工艺要求和安全操作规程进行，决不能马马虎虎，随心所欲，同时搭设的脚手架一要满足施工人员作业时具有一定的空间和强度，二要满足不同方向堆放荷载的需要，三要经受一定的施工周期的考验，这一切如果未切实按照技术规范搭拆，脚手架则迟早要发生问题。

4. 架子工要加强自我保护意识，遵章守纪

高处作业时，一定要佩戴好劳动防护用品。

架子工在高处作业中，除了要注意到他人安全外，还有一个自身的安全问题。自身安全，应依靠加强自我保护意识、遵章守纪、佩戴好劳动防护用品来做到。在脚手架搭设中，最先使用脚手架的是架子工本身，架子工必须站在已搭好的下层向上层搭设，而下层是否安全可靠，首先要架子工自己来领受；同样在拆除中，又是架子工自己最后一个使用脚手架，架子工要站在下层去拆上层，按规定一层一层拆除。决不能贪图进度，不按规定在几个方向同时拆除，任何违章搭拆往往导致脚手架倒塌。

登高作业三件宝，即安全帽、安全带、安全网。架子工一定要按规定正确佩戴安全帽和安全带等防护用品，以确保意外情况下的安全作业。

5. 要注意周围环境的影响，严格控制脚手架搭设质量，确保安全

建筑施工工程的不同形状和高度、施工现场的特殊条件、施工进度的不同要求，都给脚手架工程带来不同困难。在工程施工中，脚手架工程必须服从并服务于工程施工的需要，这就要求脚手架搭设应满足特殊的要求，根据不同的环境特点制订出技术保障措施，而架子工必须按图施工，按规定要求搭设，决不能违反规定，自行其是，否则必将导致事故发生。

6. 脚手架在施工中，一定要加强稳固条件，切实落实好稳固措施

由于稳固措施不规范导致脚手架倾倒事故的比例在整个脚手架事故中还是较高的，故应引起高度重视。目前我国已有关于脚手架工程的国家或行业规范，规范中均有加强稳固条件的措施，包括地基的夯实、如何正确设置拉结体等要求，这是血的教训换来的。架子工务必执行这些规范，落实好稳固措施并认真检查，确认无误后再施工，从而减少事故发生，保证安全。

强调上述六个方面的问题，强化安全意识，努力学习安全技术知识，遵章守纪，同时要求各级施工负责人和有关部门加强现场指导，督促检查，才能有效地控制和减少事故发生，做到"三不伤害"，即不伤害自己，不伤害他人，也不被他人伤害。

6.4 脚手架工程常见质量事故与处理

6.4.1 脚手架工程的质量事故原因

1. 技术管理不到位

（1）脚手架搭设人员未按照规定接受专门的教育，未取得特种作业人员操作证书，无证上岗作业。

（2）作业人员安全生产意识较差。

（3）允许身体健康状况不适应脚手架搭设作业的人员进行施工。

（4）作业人员酒后登高作业。

（5）未按照相关规定编制脚手架专项施工方案（组织设计）。

（6）施工方案未按照规定的程序进行审查、论证、批准。

（7）施工方案内容不符合安全技术规范标准。

（8）施工方案中未对地基承载力、连墙件进行计算，未按照规定对立杆、水平杆进行计算。

（9）施工方案缺乏针对性，不能用来指导施工。

（10）施工方案编写较简单，缺少施工平面、立面图，以及节点、构造等详图，起不到指导施工的作用。

（11）未按照施工方案要求进行脚手架搭设、拆除工作。

（12）未按照规定进行安全技术交底。

（13）未按照规定进行脚手架分段搭设、分段检查验收工作便投入使用。

（14）作业人员未按照规定戴安全帽、系安全带、穿防滑鞋。

2．材料配件存在质量问题

（1）扣件破损，螺杆螺母滑丝；扣件所使用材料不合格；扣件盖板厚度不足，承载力达不到要求；扣件、底座锈蚀严重，承载力严重不足；扣件变形严重；扣件、底座未做防腐处理。

（2）焊接底座底板厚度不足 8mm，承载力不足。

（3）木垫板厚度不足 50mm，长度不足两跨。

（4）新购钢管、扣件未按照规定进行抽样检测检验。

（5）钢管壁较薄，$\phi 48$ 钢管壁厚偏差超过 -0.5mm。

（6）钢管未做防腐处理，锈蚀严重，承载力严重降低。

（7）钢管受打孔、焊接等破坏，局部承载力严重不足。

（8）冲压钢脚手板锈蚀严重，竹串片脚手板穿筋松落，承载力严重降低。

3．搭设不规范

（1）基础发生不均匀沉降。

1）基础上直接搭设架体时，立杆底部未铺垫垫板，或者木垫板面积不够、板厚不足 50mm。

2）回填土未分层夯实，承载力不足。

3）模板支架四周无排水措施、积水，基土尤其是湿陷性黄泥土受水浸泡沉陷。

4）脚手架附近开挖基础、管沟，对基础构成威胁等。

5）基础下的管沟、枯井等未进行加固处理。

6）立杆底部未设底座，或者数量不足；底座未安放在垫板中心轴线部位。

7）地基没有进行承载力计算，地基承载力不足。

8）对软地基未采取夯实、设混凝土垫层等加固处理。

（2）连墙件设置不符合要求。

1）连墙件与架件连接的连接点位置不在离主节点 300mm 范围内，如图 6-6 所示。

2）连墙件与建筑结构连接不牢固。

3）连墙件设置数量严重不足。

4）对高度在 24m 以上的脚手架未采用刚性连墙件。

5）拆除脚手架时，未随拆除进度拆除连墙件，连墙件拆除过多。

6）违规使用仅能承受拉力、仅有拉筋的柔性连墙件。

（3）立杆。

1）立杆不顺直，弯曲度超过 20mm。

2）脚手架基础不在同一高度时，靠边坡上方的立杆轴线到边坡的距离不足 500mm。

3）脚手架未设扫地杆，如图 6-7 所示。

偏离主节点距离较大

**图 6-6　连墙件与架件连接的连接点
位置偏离主节点距离较大**

未设扫地杆

图 6-7　脚手架未设扫地杆

4）扫地杆设置不合理，纵向扫地杆距底座上皮大于 200mm。横向扫地杆固定在纵向扫地杆以上且间距较大。

5）脚手架底层步距超过 2.0m。

6）立杆偏心荷载过大，顶层顶步以下立杆采用了搭接接长。

7）双立杆中副立杆过短，长度远小于 6.0m。

8）对接接头没有交错布置，同一步内接头较集中。

9）高层脚手架没有局部卸载装置。

10）落地式卸料平台未单独设置立杆。

11）搭设高度未跟上施工进度，脚手架未高出作业层。

12）悬挑工具式卸料平台与脚手架有连接。

（4）水平杆、剪刀撑。

1）大横杆设在立杆外侧。

2）大横杆搭接长度不足 1.0m，用一个或两个旋转扣件连接。

3）两根相邻大横杆接头设在同步或同跨内，相距不足 500mm。

4）主节点处小横杆被拆除，或者未设。

5）单排脚手架的小横杆插入墙内的长度不足 180mm。

6）脚手架剪刀撑设置不规范，未跟上施工进度，搭接接头扣件数量不足。

（5）作业层。

1）作业层竹笆脚手板下大横杆间距超过 400mm。

2）作业层脚手板铺设不满，没有固定牢，如图 6 – 8 所示。

图 6 – 8　脚手板铺设不满且没有固定牢

3）脚手板接头铺设不规范，出现长度大于 150mm 的探头板，如图 6 – 9 所示。

4）未设置栏杆和挡脚板，或设置位置及高度尺寸不规范。

5）脚手架工程没有挂设随层网、层间网或首层网，挂设不严密。

4. 使用不当

（1）作业层上施工荷载过大，超出设计要求。

（2）缆风绳、泵送混凝土和砂浆的输送管固定在脚手架上。

（3）脚手架悬挂起重设备。

（4）在使用期间随意拆除主节点处杆件、连墙件，如图 6 – 10 所示。

图 6 – 9　出现探头板

**图 6 – 10　随意拆除主节点处
杆件、连墙件**

（5）在脚手架上进行电、气焊作业时，没有防火措施。

（6）脚手架没有按照规定设置防雷措施。

（7）未按照规定进行定期检查，长时间停用和大风、大雨、冻融后未进行检查。

5. 拆除不当

（1）没有制定拆除方案，没有进行安全技术交底。

（2）没有在拆除前对脚手架的扣件连接、连墙件、支承体系等是否符合构造要求作全面检查。

（3）拆架时周围未设置围栏或警戒标志，非拆架人员随意进入。

（4）在电力线路附近拆除脚手架不能停电时，未采取有效防护措施。

（5）拆除作业人员踩在滑动的杆件上操作。

（6）拆架过程中遇有管线阻碍时，任意割移。

（7）拆除脚手架时，违规上下同时作业。

（8）先将连墙件整层或数层拆除后再拆脚手架。

（9）拆架人员不配备工具套，随意放置工具。

（10）拆除过程中如更换人员，未重新进行安全技术交底。

（11）采用成片拽倒、拉倒法拆除。

（12）高处抛掷拆卸的杆件、部件。

6.4.2 脚手架坍塌防治措施

（1）作业人员应持证上岗并且进行安全技术交底，脚手架验收合格方可投入使用。

（2）对工程所用的相关施工材料进行严格检验，严禁不合格材料投入使用。

（3）对大体积混凝土浇筑作业过程进行重点监督检查，派专人进行巡视，发现异常及时报告并进行处置。

（4）应对悬挑钢梁后锚固点进行加固，钢梁上面用钢支承加 U 形托旋紧后顶住屋顶。预埋钢筋环与钢梁之间有空隙，须用马楔备紧。吊挂钢梁外端的钢丝绳逐根检查，全部紧固，保证均匀受力。

（5）脚手架卸荷、拉结体系局部产生破坏，要立即按原方案制定的卸荷拉结方法将其恢复，并对已经产生变形的部位及杆件进行纠正。

（6）大型脚手架必须编制技术方案，并加强日常的巡视检查，对出现的变形或地基沉降等异常情况及时采取应急措施。

（7）加强大风大雨后对脚手架使用前的安全检查，对发现的地基沉降、立杆悬空等情况及时采取补救措施，如图 6 – 11 所示。

（8）对独立脚手架的拉结支承加强日常巡视，发现异常情况及时督促进行整改。

（9）脚手架拆除时严禁非操作人员在脚手架上进行任何作业。

图 6 – 11 架体立杆悬空

6.4.3 脚手架坍塌应急处置

（1）施工现场发生脚手架坍塌事件，应立即对受伤人员进行急救，并设立危险警戒区域，严禁与应急抢险无关的人员进入。

（2）迅速确定事故发生的准确位置、可能波及的范围、脚手架损坏的程度、人员伤亡情况等，以根据不同情况进行应急处置。

（3）本着救人优先的原则，且在保障人身安全的情况下尽可能地抢救重要资料和财产，并注意做好应急人员的自身安全。

（4）组织人员尽快解除重物压迫，减少伤员挤压综合征发生，并将其转移至安全地方。

（5）对未坍塌部位进行抢修加固或者拆除，封锁周围危险区域，防止进一步坍塌。

（6）如发生大型脚手架坍塌事故，必须立即划出事故特定区域，非救援人员未经允许不得进入特定区域。迅速核实脚手架上作业人数，如有人员被坍塌的脚手架压在下面，要立即采取可靠措施加固四周，然后拆除或切割压住伤者的杆件，将伤员移出。如脚手架太重可用起重设备将架体缓缓抬起，以便救人。

（7）现场急救条件不能满足需求时，必须立即上报当地政府有关部门，并请求必要的支持和帮助。拨打120急救电话时，应详细说明事故地点和人员伤害情况，并派人到路口进行接应。

（8）在没有人员受伤的情况下，应根据实际情况对脚手架进行加固或拆除，在确保人员生命安全的前提下，组织恢复正常施工秩序。

参 考 文 献

［1］ 全国个体防护装备标准化技术委员会. GB 2811—2007　安全帽［S］. 北京：中国标准出版社，2007.

［2］ 中华人民共和国住房和城乡建设部. JGJ 128—2010　建筑施工门式钢管脚手架安全技术规范［S］. 北京：中国建筑工业出版社，2010.

［3］ 中华人民共和国住房和城乡建设部. JGJ 130—2011　建筑施工扣件式钢管脚手架安全技术规范［S］. 北京：中国建筑工业出版社，2011.

［4］ 中华人民共和国住房和城乡建设部. JGJ 164—2008　建筑施工木脚手架安全技术规范［S］. 北京：中国建筑工业出版社，2008.

［5］ 中华人民共和国住房和城乡建设部. JGJ 166—2008　建筑施工碗扣式钢管脚手架安全技术规范［S］. 北京：中国建筑工业出版社，2009.

［6］ 中华人民共和国住房和城乡建设部. JGJ 202—2010　建筑施工工具式脚手架安全技术规范［S］. 北京：中国建筑工业出版社，2010.

［7］ 中华人民共和国住房和城乡建设部. JGJ 254—2011　建筑施工竹脚手架安全技术规范［S］. 北京：中国标准出版社，2012.

［8］ 中华人民共和国住房和城乡建设部. JGJ/T 314—2016　建筑工程施工职业技能标准［S］. 北京：中国建筑工业出版社，2016.

［9］ 滕长禧. 架子工［M］. 北京：中国电力出版社，2015.

［10］ 黄梅. 我是大能手——架子工［M］. 北京：化学工业出版社，2015.

［11］ 郑大为. 架子工长［M］. 北京：金盾出版社，2013.

［12］ 胡艳玲. 架子工基本技能［M］. 成都：成都时代出版社，2007.